中等职业教育工程机械应用与维修专业规划教材

机械基础

（图解全彩版）

主编／蒋 丹 蒋汉章

副主编／柳清霞

主审／刘宏亮 王振华

人民交通出版社
China Communications Press
北京

内 容 提 要

本书以学生兴趣为导向，采用大量生动形象的图画，通过"卡通小蚂蚁"的归纳总结、例题导入和练习来实现教学意图，并首次将"常用量具测量"与"机械零件的精度"知识难点有机结合，克服教学难点。

本书内容共分七个单元，分别为连接、常用机构、机械传动、轴系零部件、机械零件的精度与技术测量、工程材料、力学。

本书可以作为中等职业学校机械大类专业的基础课程教材，也可供有关行业的基本技能鉴定及中级技术工人等级考核使用，还可作为相关岗位的培训教材。

图书在版编目（CIP）数据

机械基础/蒋丹，蒋汉章主编. —北京：人民交通出版社，2012.8
　ISBN 978-7-114-09987-8

Ⅰ.①机… Ⅱ.①蒋… ②蒋… Ⅲ.①机械学—中等专业学校—教材 Ⅳ.①TH11

中国版本图书馆 CIP 数据核字（2012）第 179516 号

书　　　名：	机械基础
著 作 者：	蒋　丹　蒋汉章
责任编辑：	刘彩云
出版发行：	人民交通出版社
地　　址：	（100011）北京市朝阳区安定门外外馆斜街 3 号
网　　址：	http://www.ccpress.com.cn
销售电话：	（010）59757969，59757973
总 经 销：	人民交通出版社发行部
经　　销：	各地新华书店
印　　刷：	北京盛通印刷股份有限公司
开　　本：	787×1092　1/16
印　　张：	16.25
字　　数：	234 千
版　　次：	2012 年 8 月　第 1 版
印　　次：	2019 年 6 月　第 3 次印刷
书　　号：	ISBN 978-7-114-09987-8
定　　价：	39.00 元

（有印刷、装订质量问题的图书由本社负责调换）

本书是根据教育部颁发的《中等职业学校机械基础教学大纲》，参照相关最新国家职业技能标准和行业职业技能鉴定规范的有关要求，结合中等职业学校的学生特点和教学实际而编写的一本形式活泼、教与学融会贯通的教材。

本书在编写过程中，汲取教师多年教学经验，收集最新生产实践资料，注重理论与实践的有机融合，具有以下特色。

（1）以学生兴趣为导向，注重基础理论知识与生产、生活实例的巧妙融合。

（2）理论性阐述少而精，采用大量生动形象、简明清晰的"图解"、"案例"，有效激发学生的学习热情，淡化教学难点。

（3）打破基础学科界限，将机械原理、机械零件、机械传动、极限配合与技术测量、工程材料、力学有机融会贯通，大胆调整编排顺序，原则如下：由小到大，循序渐进——从最常见的连接（零件）开始，由机构到传动再到减速器（机器）、轴系（零部件）完成总体装配；由浅到深，由动到静——先从易于理解的机械零件的结构、特点、应用入门，后介绍较困难和枯燥的机械零件的精度与技术测量、材料等内容。

（4）简化原理阐述，剔除无用的陈旧内容和繁冗计算。讲究针对性、实用性和直观性。保留简单基本计算，特别运用"卡通小蚂蚁"进行归纳总结、例题导入和练习设置，在游戏中学习，在学习中提高。

（5）将"机械零件的精度"与操作部分"常用量具测量"有机结合，有效克服了教学难点。

（6）教、学、做有机结合。工作过程和认识过程兼顾，突出科学性和实用性。理论部分建议采用"行动导向教学"，结合多媒体教学，同时与操作部分、练习部分有机结合，真正做到"做中学，练中学，学中做"，学以致用。

本书由成都铁路工程学校蒋丹、中铁二十局集团技工学校蒋汉章担任主编，中铁隧道局职工大学柳清霞担任副主编，郑州铁路技师学院刘宏亮、成都铁路工程学校王振华主审。具体编写分工：成都铁路工程学校蒋丹（绪论，单元二，单元三第一、三、四、五节，单元五，单元六第三节）、董铮（单元三第四、六节，单元七）、朱桂春（单元三第五节，单元五第二、三节）、程丽霞（单元五第四节）、周荣惠（单元六第三节）、蔺学明（单元七第一节）、中铁二十局集团公司技工学校蒋汉章（单元二）、贾卫华（单元六第一、二、五节），中铁隧道局职工大学柳清霞（单元三第二节，单元四，单元六第四节）、常华杰（单元一，单元三第一节），渭南技术学院任银强（单元五第一、四节）。全书由蒋丹负责统稿，蒋汉章负责部分图片处理。

由于编写时间及编者水平有限，书中难免有错误和疏漏之处，敬请广大读者批评指正。

编　者

2012 年 5 月

目录
Contents

绪　　论

0.1　我国机械发展历史

我国的机械工程技术历史悠久，成就辉煌，不仅对我国的物质文化和社会经济的发展起到了重要的促进作用，而且还对世界技术文明的进步作出了重大贡献。

石器的使用标志着我国传统机械发展时期的开始。从旧石器时代的砍砸器、刮削器、石矛和骨针等石器工具，到新石器时代的斧、铲、凿、磨盘、耒耜、杵臼等工具，都是我国劳动人民在生产中创造出的实用生产工具（图 0-1-1）。

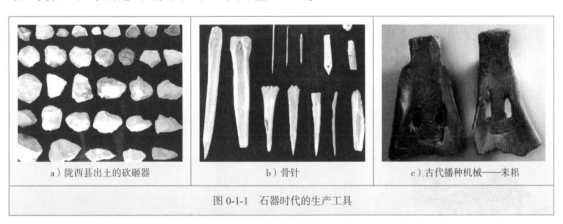

a）陇西县出土的砍砸器　　　　b）骨针　　　　c）古代播种机械——耒耜

图 0-1-1　石器时代的生产工具

春秋战国时期，铁器开始得到普遍使用，出现了三脚耧等重要农用机械（图 0-1-2）。

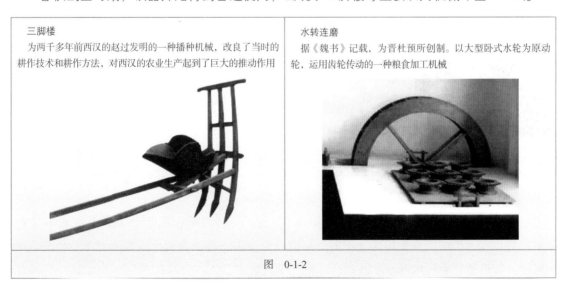

三脚耧

为两千多年前西汉的赵过发明的一种播种机械，改良了当时的耕作技术和耕作方法，对西汉的农业生产起到了巨大的推动作用

水转连磨

据《魏书》记载，为晋杜预所创制。以大型卧式水轮为原动轮，运用齿轮传动的一种粮食加工机械

图　0-1-2

记里鼓车

最早记录在汉代刘歆的《西京杂记》中。其工作原理是利用车轮在地面的转动带动齿轮转动，变换为凸轮杠杆作用，使木人抬手击鼓，每行走一里击鼓一次。其内部构造中应用的减速齿轮系统已相当复杂，是现代车辆上计程仪的先驱

原始织布机

1975 年，浙江余姚河姆渡新石器时代遗址，出土了纺专、管状骨针、打纬木刀和骨刀、绕线棒等纺织工具。这是距今六千多年前已有最早的原始织机的佐证，也是到目前为止所发现的世界上最早的织布工具

图 0-1-2　春秋战国之汉代时期机械

唐宋时期，我国机械发展进入了一个新的阶段。水利机械有了新的发展，水动力方面应用也有了很大的提高。唐朝张鸯在《朝野全载》中记录了可以酌酒行觞会赚钱的机器人；卢氏在《逸史》中描述了蜀中的能工巧匠施展智慧和技能，巧妙制作的一套能奏出各种音乐的木人；牛肃于《纪闻》中记载了开元年间皇宫技师为皇后制造的一台一旦开启，就会跳出一个木制机械美人的梳妆台。这些现代机器人的雏形，标志着唐宋时期我国传统机械已经进入了一个高水平发展的时期（图 0-1-3）。

水运仪象台

为宋元佑三年著名科学家苏颂领导研制出的一台把浑仪、浑象和报时装置结合在一起的大型天文仪器，也是世界上最古老的天文钟。采用了民间使用的水车、筒车、桔槔、凸轮和天平秤杆等机械原理，把观测、演示和报时设备集中起来，组成了一个整体，成为一部自动化的天文台

唐代银盒

于西安出土，其内孔与外圆的同心度精度很高，子母口配合严紧，刀痕细密，显示了当时机械加工精度的程度

图 0-1-3　唐宋时期机械

明清时期，出现了技术含量更高的机械（图 0-1-4）。

近代，特别是 18 世纪初到 19 世纪 40 年代，由于受闭关锁国政策和重文轻工的科举制度的制约，我国机械工业发展停滞不前。而这一百多年正是西方资产阶级政治革命和产业革命时期，其机械科学技术飞速发展，远远超过了我国。

活塞式风箱

明代宋应星在《天工开物》中有记载，是一种古老的活塞式鼓风器，风箱靠活塞推动和空气压力自动启闭活门，装置牢固，风力增大，成为金属冶铸的有效鼓风设备

郑和下西洋的宝船

为古代最大的远洋船舶。宝船长约137m，张12帆，舵杆长11m多

图0-1-4　明清时期机械

　　中华人民共和国成立后，特别是近三十年来，我国的机械科学技术发展迅速，机械产品趋向大型化、精密化、自动化和配套化（图0-1-5），为国民经济各部门、各行业提供先进的技术装备和生产工具，对国民经济的发展和民族振兴起到举足轻重的作用。

万吨远洋货船

2007年10月19日，山海关船舶重工有限责任公司建造的4艘3万吨级远洋散货船交付丹麦

水压机

中国第一重型机器厂的12500t自由锻造水压机于1964年12月投产

图0-1-5　现代机械在运输、生产行业中的应用

　　在航天、交通等方面已经达到或超过了世界先进水平（图0-1-6～图0-1-8）。我国机械工业正以世界瞩目的速度向更高的水平发展。

图0-1-6　中国最新歼-15战斗机

图0-1-7　航母效果图

长征三号丙运载火箭

2010 年 10 月 1 日 18 时 59 分 57 秒，搭载着嫦娥二号卫星的长征三号丙运载火箭在西昌卫星发射中心点火发射

神舟五号载人飞船

为中国神舟号飞船系列之一，为中国首次发射的载人航天飞行器，于 2003 年 10 月 15 日将航天员杨利伟送入太空。这次的成功发射标志着中国成为继俄罗斯及美国之后，第三个有能力独自将人送上太空的国家

神舟九号飞船

神舟九号飞船是中国第一个宇宙实验室项目 921-2 计划的组成部分，"天宫一号"与神九载人交会对接将为中国航天史上掀开极具突破性的一章。2012 年 6 月 16 日 18 时 37 分，神舟九号飞船在酒泉卫星发射中心发射升空。2012 年 6 月 18 日约 11 时转入自主控制飞行，14 时许与"天宫一号"首次完美交会对接，这是中国实施的首次载人空间交会对接

武广高铁

2009 年 12 月 26 日正式运行的武广高铁最高时速 394km 是全世界投入实际运营的最高速度。作为中国第一条真正意义上的高速铁路，京津高铁从一问世就站在了世界高铁技术前沿，创造了运营速度、运量、节能环保、舒适度四个世界第一

机器人

在今后的 15 年中，政府对智能科学技术领域包括机器人的支持力度将大大增加。我国已把服务机器人等项目确定为国家 863 计划的重点。智能机器人产业前途无量，它比计算机更深刻、更复杂。智能机器人时代会为我们在经济、教育、文化、工业等各个领域带来日新月异的便利和更新。图为哈尔滨工业大学研制的表演太极拳的机器人

图 0-1-8　现代机械在航天、交通等领域的应用

0.2　机械概述

0.2.1　机器的组成

如图 0-2-1 所示，以冲压机为例，来介绍机器的组成。

冲压机的工作原理：

在电动机的驱动下，小带轮靠摩擦力带动大带轮，大带轮和小齿轮共轴线，运动传到小齿轮上。当离合器接合、制动器非制动状态时，小齿轮与大齿轮相啮合，大齿轮带动曲轴转动，曲轴通过连杆使凸模向下运动，与机架上的凹模共同对工件坯料进行冲压加工。完成冲压后，滑块上行到最高点，离合器分离、制动器制动，滑块停在最高点，完成一次工作循环。

冲压机的组成：

动力部分——机器的动力来源（图中电动机）。

传动部分——把动力部分的运动和动力传递给执行部分的中间装置（图中 V 带及带轮、齿轮、曲轴、连杆、滑块）。

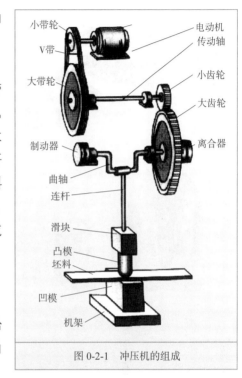

图 0-2-1　冲压机的组成

执行部分——直接完成工作任务（图中凸模和凹模对坯料进行冲压）。

控制部分——按一定顺序和规律实现运动，完成指定的工作循环（图中电动机开关、离合器、制动器开关等）。

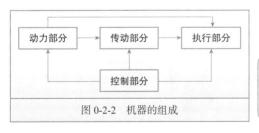

图 0-2-2　机器的组成

 看看勤劳的小蚂蚁的总结吧

机器是由动力部分、传动部分、执行部分、控制部分组成的实物组合（图 0-2-2）。

0.2.2　常见概念

看"图"学概念

（1）零件：构成机器的不可拆的制造单元。在各种机器中普遍使用的零件称为通用零件，如齿轮、带轮、轴、螺栓、螺母、弹簧等（图 0-2-3）。只在某些机器中使用的零件称为专用零件（图 0-2-4）。

（2）构件：机器的运动单元。一个构件由一个或几个零件组成。如活塞连杆机构中的连杆由连杆体、连杆盖、螺栓、螺母四个零件组成（图 0-2-5）。

（3）机构：用来传递运动和力的构件系统。图 0-2-6 中的曲柄连杆机构——曲轴飞轮组就是典型的曲柄滑块机构，由曲柄（曲轴）、连杆、滑块（活塞）等多个构件组成。

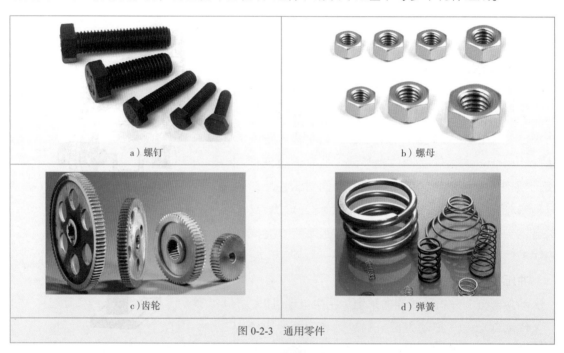

a）螺钉　　　　　　　　　　b）螺母

c）齿轮　　　　　　　　　　d）弹簧

图 0-2-3　通用零件

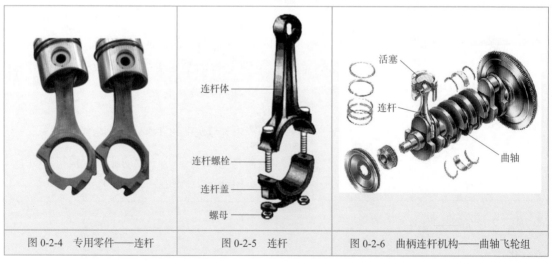

图 0-2-4　专用零件——连杆　　图 0-2-5　连杆　　图 0-2-6　曲柄连杆机构——曲轴飞轮组

复杂的机器由多种机构组成。如图 0-2-1 所示的冲压机是由 V 带和带轮组成的带传动机构，大小齿轮组成的齿轮传动机构，曲柄、连杆、滑块组成的曲柄滑块机构，这三个机构组成的机器。

（4）机械：机器和机构的总称。

看看勤劳的小蚂蚁的总结吧

零件、构件、机构、机器的组成关系见图 0-2-7。

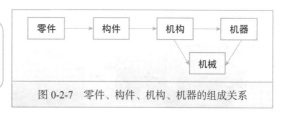

图 0-2-7　零件、构件、机构、机器的组成关系

0.2.3　机械的类型

机械的类型按照用途分可以分为以下四类。

（1）动力机械：用来实现机械能和其他能量的转换，如电动机、内燃机、发电机、液压泵、压缩机等（图 0-2-8）。

a）发动机　　b）内燃机　　c）发电机　　d）液压泵

图 0-2-8　动力机械

（2）加工机械：用来改变物料的状态、性质、结构和形状，如金属切削机床、粉碎机、压力机、织布机、包装机等（图 0-2-9）。

a）车床　　b）真空包装机　　c）织布机　　d）木材粉碎机

图 0-2-9　加工机械

（3）运输机械：用来改变人或物料的空间位置，如汽车、机车、缆车、飞机、电梯、起重机运输机等（图 0-2-10）。

a）货车	b）电力机车	c）随车起重机

图 0-2-10　运输机械

（4）信息机械：用来获取或处理各种信息，如复印机、打印机、传真机、绘图机、数码相机、摄像机等（图 0-2-11）。

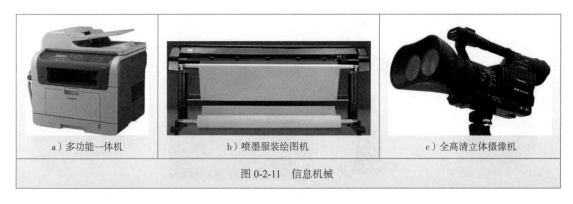

a）多功能一体机	b）喷墨服装绘图机	c）全高清立体摄像机

图 0-2-11　信息机械

0.3　课程性质、任务、教学目标和学习内容

0.3.1　课程性质和任务

本课程是中等职业学校工程施工机械运用与维修专业及近机类专业的主干专业技术基础课程。其任务是：使学生具备所必需的机械零件、常用机构、常用机械传动、轴系部件、工程材料、力学的基本知识和运用技能，机械零件的精度与技术测量的基本知识和基本标注技能，学习常用量具的使用方法。加强学生理实结合能力，为学生学习后续专业课程，提高全面素质，增强职业应变能力和继续学习打下一定的基础。

0.3.2　课程教学目标

本课程的教学目标是：使学生具备所必需的机械基础知识和基本技能，初步形成解决实际问题的能力，并注意思想教育，使学生具有良好的思想品德和职业道德，提高学生的综合素质。

1）能力培养目标

（1）具有一定的观察、分析及综合归纳能力。

（2）加强学生理论联系实际能力，增强职业应变能力。

（3）能选用一般机械零部件、常用机构、常用机械传动。

（4）具有查阅、检索相关技术资料的能力，掌握相关的技术标准。掌握图样上标注公差与配合的方法。

（5）能熟练应用基本机械测量工具游标卡尺和外径千分尺。

（6）为后续专业课程奠定相关基础常识，提高继续学习的能力。

2）情感目标

（1）激发学生的求知欲，丰富学生的感性认识。

（2）培养学生对《机械基础》学习的情感偏好，调动主动学习的意识。

（3）培养学生的团队合作和协作能力。

3）知识教学目标

本课程主要内容有如表 0-3-1 所示七个单元。

本课程主要内容

表 0-3-1

单　元	主　要　内　容	重　　点
单元 1 连接	螺纹零件、键、销、联轴器和离合器	掌握各零部件及连接方法的特点、类型及适用场合； 熟悉相关标准及选用方法
单元 2 常用机构	构件、运动副、平面四杆机构、凸轮机构、间歇运动机构	掌握各机构的组成、工作原理； 了解特点和生产生活应用实例； 理解机构工作运行情况； 了解组成机构的构件的常用材料和结构
单元 3 机械传动	带传动、链传动、齿轮传动、蜗杆传动、齿轮系、减速器、螺旋传动	掌握各种传动的组成、工作原理、分类； 了解传动特点和生产生活应用实例； 理解传动比计算及简单选用方法； 了解失效形式、基本加工方法、组成传动的零构件的材料与结构； 掌握减速器的结构及简单拆装； 掌握螺旋传动直线移动距离的计算
单元 4 轴系零部件	轴、滑动轴承、滚动轴承	掌握轴及轴承的分类、结构、材料、型号； 了解轴系零件的定位方式
单元 5 机械零件的精度与技术测量	尺寸精度、配合精度、几何精度，游标卡尺和外径千分尺的测量	掌握尺寸精度、配合精度、几何精度的相关基本概念及简单计算； 掌握相关的技术标准； 掌握游标卡尺测内、外径检验孔轴零件的尺寸精度和配合精度； 掌握外径千分尺测外径检验轴零件的尺寸精度
单元 6 工程材料	金属材料的性能、黑色金属材料、有色金属材料、非金属材料、钢的热处理	掌握金属材料的性能，各类材料的分类和牌号； 了解各类材料的性能和实际应用； 了解钢的热处理的基本形式

单 元	主 要 内 容	重 点
单元7 力学	力、力矩、力偶、约束、约束反力、力系和受力图、内力、应力、变形、应变、直杆轴向拉伸与压缩、连接件的剪切与挤压、圆轴扭转、直梁弯曲、组合变形	掌握力、力矩、力偶的概念； 理解力的三要素和表达方法； 了解力的基本性质，会求解简单的力对点之矩； 了解约束的概念、四种约束类型和约束力； 了解平面力系的概念和类型； 了解杆件受力图； 了解内力、应力、变形、应变的概念； 理解直杆轴向拉伸与压缩的概念（受力特点、变形特点、横截面上的内力、应力）； 理解连接件的剪切与挤压的概念，能判断剪切面、挤压面； 理解圆轴扭转、直梁弯曲和组合变形的概念

除绪论外共七个单元，建议安排 50~80 学时进行教学（表 0-3-2）。带 * 单元内容，为各个专业、学校视实际情况灵活选学内容。

各单元学时建议分配表　　　　　　　　　　　　　　　　表 0-3-2

教 学 单 元		建议学时分配		
		合计	理论	操作或练习
绪论	0.1　我国机械发展历史	2	2	
	0.2　机械概述			
	0.3　课程性质、任务、教学目标和学习内容			
单元1 连接	1.1　螺纹连接	6	2	
	1.2　键连接与销连接		2	
	1.3　联轴器、离合器		1	1
单元2 常用机构	2.1　运动副、构件与平面机构	12	2	
	2.2　平面四杆机构		4	
	2.3　凸轮机构		2	
	①凸轮机构及平面连杆机构组成、分类及运动的观测；②简单平面机构的运动简图的绘制			2
	2.4　间歇运动机构		2	
单元3 机械传动	3.1　带传动	24	1	1
	3.2　链传动		2	
	3.3　齿轮传动 　3.3.1　齿轮传动的定义 　3.3.2　齿轮传动的特点 　3.3.3　齿轮传动的类型		2	

续上表

教学单元			建议学时分配		
			合计	理论	操作或练习
单元3 机械传动		3.3.4　渐开线齿轮各部分的名称及标准直齿圆柱齿轮尺寸计算	24	2	2
		3.3.5　渐开线齿轮的切削加工、根切现象与变位齿轮		2	
		3.3.6　齿轮轮齿的失效形式 3.3.7　齿轮常用材料和结构 3.3.8　齿轮的精度		2	
	3.4　蜗杆传动			2	
	3.5　齿轮系与减速器 　3.5.1　齿轮系的类型 　3.5.2　齿轮系传动的应用			2	
	3.5.3　定轴齿轮系的传动比计算			2	
	3.5.4　减速器			1	1
	3.6　螺旋传动			2	
单元4 轴系零部件	4.1　轴		6	3	
	4.2　滑动轴承			1	
	4.3　滚动轴承			1	1
单元5* 机械零件的精度 与技术测量	5.1　极限与配合 　5.1.1　互换性与标准化 　5.1.2　尺寸精度		12*	2	
	5.1.3　极限制			2	
	5.1.4　配合精度			2	
	5.2　游标卡尺测内、外径及检验孔轴零件的尺寸精度和配合性质				2
	5.3　外径千分尺测外径及检验轴零件的尺寸精度				2
	5.4　几何精度			2	
单元6* 工程材料	6.1　金属材料的性能		10*	2	
	6.2　黑色金属材料			2	
	6.3　钢的热处理			2	
	6.4　有色金属材料			2	
	6.5　非金属材料			2	
单元7* 力学	7.1　力、力矩、力偶		8*	2	
	7.2　约束、约束反力、力系和受力图的应用			2	
	7.3　直杆的基本变形			4	
总　　计			50~80	68	12

单 元 小 结

机器是由动力部分、传动部分、执行部分、控制部分组成的实物组合。机构是用来传递运动和力的构件系统。机器和机构的总称为机械。构件是机器的运动单元。零件是构成机器的不可拆的制造单元。机器按照用途分可以分为动力机械、加工机械、运输机械和信息机械四类。

单元 1 连　　接

连接零件是机器中最常见的一类。在通用机械中，连接零件占零件总数的 20%~50%。连接可分为动连接和静连接。常见的动连接有各种运动副连接和弹性连接，静连接有螺纹连接、键连接、花键连接及销连接。

1.1 螺纹连接

机器工作时，被连接件间不允许产生相对运动的连接，称为静连接。螺纹连接结构简单、装拆方便、类型多样，是机械和结构中应用最广泛的静连接之一，如图 1-1-1 所示。

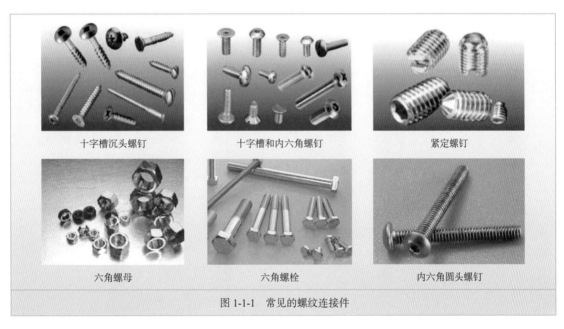

十字槽沉头螺钉　　　　十字槽和内六角螺钉　　　　紧定螺钉

六角螺母　　　　　　六角螺栓　　　　　　内六角圆头螺钉

图 1-1-1　常见的螺纹连接件

1.1.1　螺纹的主要参数

螺纹的主要参数如图 1-1-2 所示。

（1）三个直径：

大径 d：公称直径 M，最大的直径。

小径 d_1：强度计算直径，最小的直径，用来计算螺杆强度。

中径 d_2：确定几何参数和配合性质的直径，$d_2=\dfrac{d+d_1}{2}$。在轴向剖面内，其为螺纹内牙的厚度与牙间宽度相等处圆柱的直径。

（2）螺距 P：相邻两螺纹牙上对应点间的轴向距离。

（3）导程 P_h：同一螺纹线上相邻两螺纹牙上对应点间的轴向距离（图 1-1-3），$P_h=nP$，式中 n 为螺纹的线数。

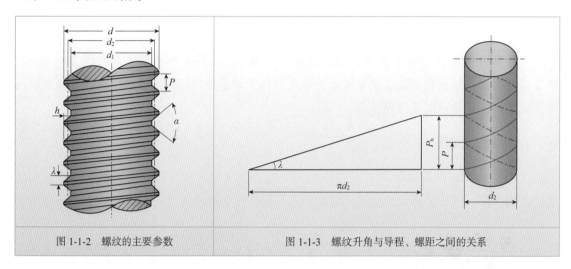

图 1-1-2　螺纹的主要参数　　　　　　　图 1-1-3　螺纹升角与导程、螺距之间的关系

（4）螺旋升角 λ：在中径的圆柱面上，螺纹线的切线与垂直于螺纹轴线的平面之间的夹角（图 1-1-3），$\tan\lambda=\dfrac{P_h}{\pi d_2} \rightarrow P_h=\pi d_2\tan\lambda$。

（5）牙形角 α：螺纹牙形两侧边夹角。

1.1.2　螺纹的分类

1）按螺旋线方向分类

按螺旋线方向不同，螺纹分为左旋螺纹和右旋螺纹，如图 1-1-4 所示。

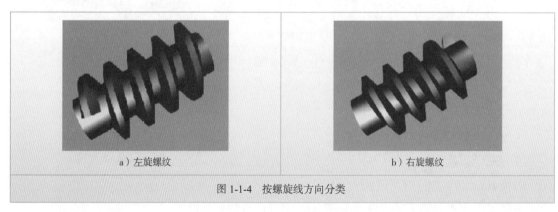

a）左旋螺纹　　　　　　　　　　　　b）右旋螺纹

图 1-1-4　按螺旋线方向分类

2）按螺纹牙形分类

螺纹牙形是指通过轴线断面上的螺纹轮廓形状。根据牙形不同，螺纹可分为三角形螺纹（又称普通螺纹）、矩形螺纹、梯形螺纹、锯齿形螺纹等，如图 1-1-5 所示。

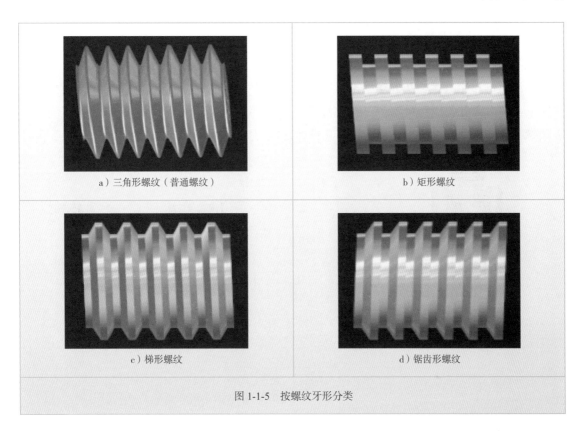

a）三角形螺纹（普通螺纹）　　　b）矩形螺纹

c）梯形螺纹　　　d）锯齿形螺纹

图 1-1-5　按螺纹牙形分类

3）按螺旋线的线数分类

根据螺旋线的线数（头数）不同，螺纹分为单线螺纹、双线螺纹和多线螺纹，如图 1-1-6 所示。

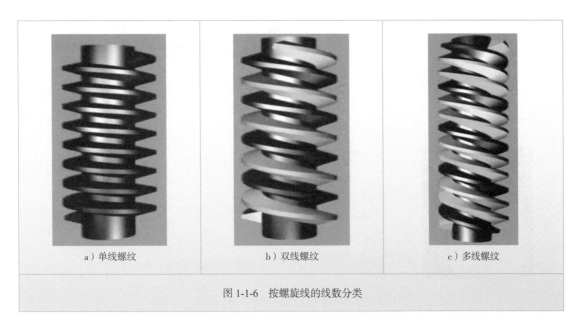

a）单线螺纹　　　b）双线螺纹　　　c）多线螺纹

图 1-1-6　按螺旋线的线数分类

1.1.3　螺纹连接的形式

1）螺栓连接（图 1-1-7）

采用螺母和带有螺栓头的螺栓来连接，被连接件为无螺纹的通孔，可以从两边装配，结构简单，装拆方便，应用最广。

螺栓连接分为普遍螺栓连接、铰制孔螺栓连接，如图 1-1-8 所示。

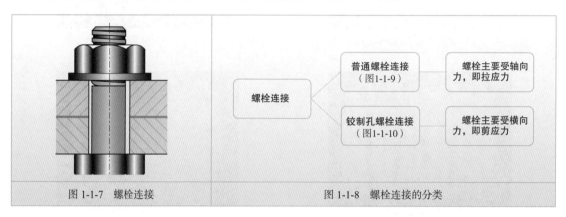

图 1-1-7　螺栓连接　　　　　　　　　　　　　图 1-1-8　螺栓连接的分类

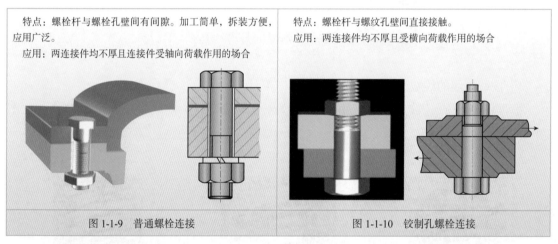

图 1-1-9　普通螺栓连接　　　　　　　　　　　图 1-1-10　铰制孔螺栓连接

2）双头螺栓连接（图 1-1-11）

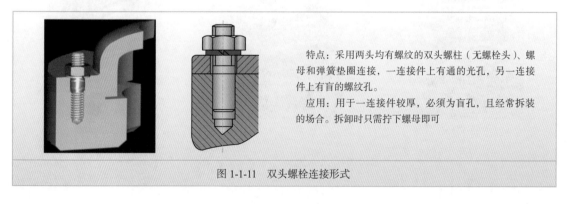

图 1-1-11　双头螺栓连接形式

3）螺钉连接（图 1-1-12）

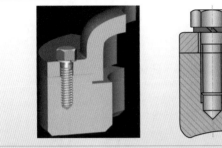

特点：无螺母，有螺栓头。一连接件为通孔、光孔，一连接件为盲孔，螺纹孔只可从一边装配。

应用：常用于不常装拆的连接，结构紧凑的场合

图 1-1-12　螺钉连接形式

4）紧定螺钉（图 1-1-13）

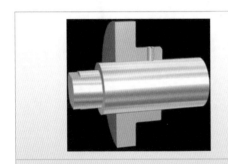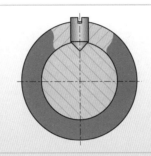

螺钉末端顶住另一零件的表面或相应凹坑，以固定两个零件的相互位置，并可传递不大的力或力矩

图 1-1-13　紧定螺钉连接

1.1.4　常用标准螺纹连接件

1）螺栓

如图 1-1-14 所示，按螺纹精度不同分为普通螺栓、精制螺栓，按头部形状分为标准六角头螺栓、小六角头螺栓、内六角头螺栓等。

2）双头螺柱

如图 1-1-15 所示，按螺纹长度分为两端螺纹等长螺柱、两端螺纹不等长螺柱，按直径特点分为等径螺柱、不等径螺柱。

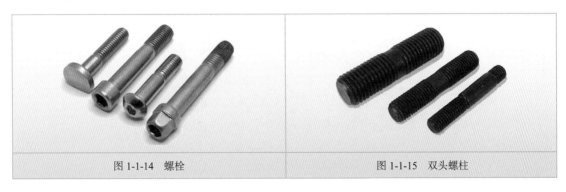

图 1-1-14　螺栓　　　　　　　　　图 1-1-15　双头螺柱

3）螺钉

如图 1-1-16 所示，按头部形状分为内六角头螺钉、六角头螺钉、开槽圆头螺钉、开槽沉头螺钉、开槽盘头螺钉、开槽十字头螺钉、滚花头螺钉等。

4）紧定螺钉

如图 1-1-17 所示，按端部形状分为锥端、平端、长圆柱端、凹端等紧定螺钉。

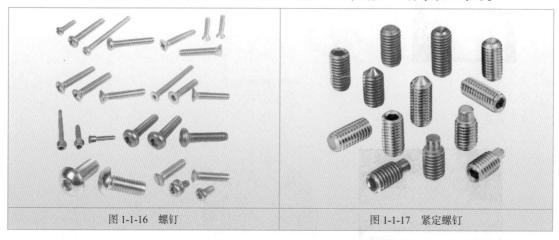

图 1-1-16　螺钉　　　　　　　　图 1-1-17　紧定螺钉

5）螺母、螺母柱及垫圈

常见的螺母、螺母柱如图 1-1-18 所示，常见的垫圈如图 1-1-19 所示。

a）螺母　　　　　　　　b）螺母柱

图 1-1-18　常见的螺母、螺母柱

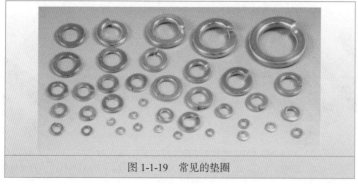

图 1-1-19　常见的垫圈

1.1.5 螺纹连接的预紧和防松

1）螺纹连接的预紧

预紧的目的：提高螺栓的疲劳强度，从而提高螺栓连接的可靠性；增强连接的紧密性和刚性；提高防松能力。

预紧时使用的扳手有测力矩扳手（图1-1-20）和定力矩扳手（图1-1-21）两种。

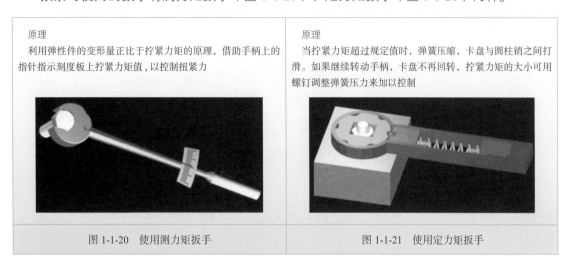

原理
利用弹性件的变形量正比于拧紧力矩的原理，借助手柄上的指针指示刻度板上拧紧力矩值，以控制扭紧力

原理
当拧紧力矩超过规定值时，弹簧压缩，卡盘与圆柱销之间打滑。如果继续转动手柄，卡盘不再回转，拧紧力矩的大小可用螺钉调整弹簧压力来加以控制

图1-1-20 使用测力矩扳手

图1-1-21 使用定力矩扳手

2）螺纹连接的防松

连接螺纹通常有自锁性能，但在冲击、振动、变载及变温等条件下，也会产生松动现象，这将影响被连接件的正常工作，甚至会发生事故，因此一般应设置防松装置。常用的防松方法有摩擦防松、机械防松及不可拆卸防松。

（1）摩擦防松

摩擦防松主要有对顶螺母防松（图1-1-22）、自锁螺母防松（图1-1-23）、弹簧垫圈防松（图1-1-24）三种形式。

利用螺母对顶作用使螺栓受到附加的拉力和附加的摩擦力

螺母一端制成非圆形收口或开缝后径向收口。当螺母拧紧后，收口胀开，利用收口的弹力使旋合螺纹间压紧。这种防松结构简单、防松可靠，可多次拆装而不降低防松性能

图1-1-22 对顶螺母防松

图1-1-23 自锁螺母防松

利用弹簧垫圈反弹力使螺纹间保持一定压紧力和摩擦力，从而达到防松目的

图 1-1-24　弹簧垫圈防松

（2）机械防松

机械防松主要有开口销防松（图 1-1-25）、串联金属丝防松（图 1-1-26）、螺栓组止动垫片防松（图 1-1-27）、圆螺母与带翅止动垫片防松（图 1-1-28）几种形式。

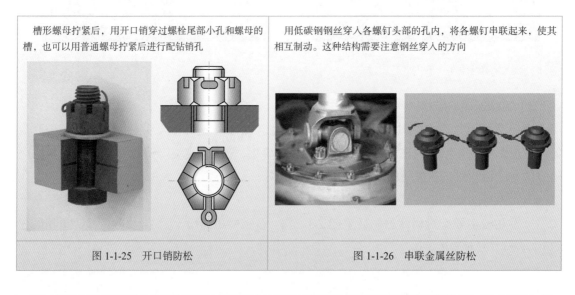

槽形螺母拧紧后，用开口销穿过螺栓尾部小孔和螺母的槽，也可以用普通螺母拧紧后进行配钻销孔

图 1-1-25　开口销防松

用低碳钢钢丝穿入各螺钉头部的孔内，将各螺钉串联起来，使其相互制动。这种结构需要注意钢丝穿入的方向

图 1-1-26　串联金属丝防松

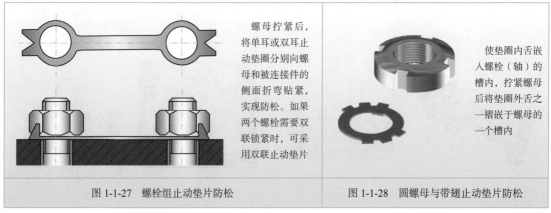

螺母拧紧后，将单耳或双耳止动垫圈分别向螺母和被连接件的侧面折弯贴紧，实现防松。如果两个螺栓需要双联锁紧时，可采用双联止动垫片

图 1-1-27　螺栓组止动垫片防松

使垫圈内舌嵌入螺栓（轴）的槽内，拧紧螺母后将垫圈外舌之一褶嵌于螺母的一个槽内

图 1-1-28　圆螺母与带翅止动垫片防松

（3）不可拆卸防松

不可拆卸防松主要有端铆、冲点防松（图1-1-29）和焊接、胶接防松（图1-1-30）几种形式。

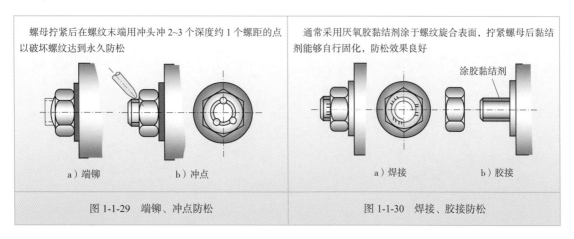

螺母拧紧后在螺纹末端用冲头冲2~3个深度约1个螺距的点以破坏螺纹达到永久防松

a）端铆　　b）冲点

图1-1-29　端铆、冲点防松

通常采用厌氧胶黏结剂涂于螺纹旋合表面，拧紧螺母后黏结剂能够自行固化，防松效果良好

涂胶黏结剂

a）焊接　　b）胶接

图1-1-30　焊接、胶接防松

1.2　键连接和销连接

1.2.1　键连接

键连接可实现轴与轴上零件（如齿轮、带轮等）之间的周向固定，如图1-2-1、图1-2-2所示，并传递运动和转矩。键连接具有结构简单、装拆方便、工作可靠、标准化等特点，故在机械中应用广泛。

1）键连接的分类及特点

键连接的分类如图1-2-3所示。

图1-2-1　轴与齿轮的连接　　　图1-2-2　轴与带轮的连接　　　图1-2-3　键连接的分类

（1）平键连接

松键连接是指靠键的两个侧面传递转矩，工作面是两个侧面。平键连接是典型的松键连接，具有结构简单、装拆方便、对中性较好等优点，因而得到广泛应用。根据用途不同，平键分为普通平键（图1-2-4）、导向平键（图1-2-5）和滑键（图1-2-6）。

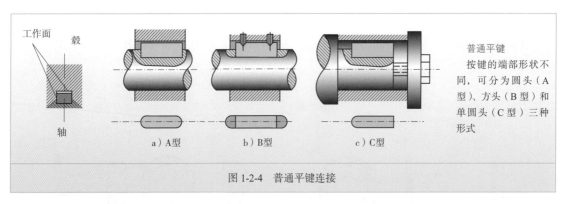

图 1-2-4 普通平键连接

右侧文字:

普通平键

按键的端部形状不同，可分为圆头（A型）、方头（B型）和单圆头（C型）三种形式

a）A型　　b）B型　　c）C型

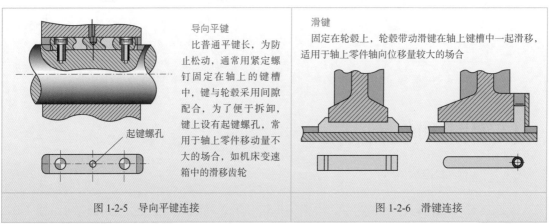

导向平键

比普通平键长，为防止松动，通常用紧定螺钉固定在轴上的键槽中，键与轮毂采用间隙配合，为了便于拆卸，键上设有起键螺孔，常用于轴上零件移动量不大的场合，如机床变速箱中的滑移齿轮

起键螺孔

图 1-2-5 导向平键连接

滑键

固定在轮毂上，轮毂带动滑键在轴上键槽中一起滑移，适用于轴上零件轴向位移量较大的场合

图 1-2-6 滑键连接

（2）半圆键连接（图 1-2-7）

（3）花键连接（图 1-2-8）

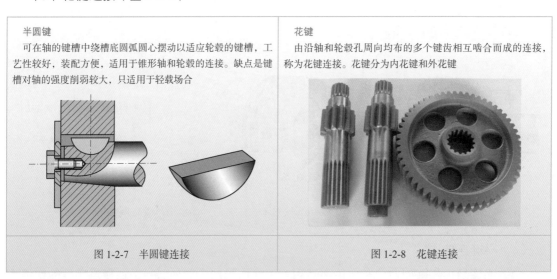

半圆键

可在轴的键槽中绕槽底圆弧圆心摆动以适应轮毂的键槽，工艺性较好，装配方便，适用于锥形轴和轮毂的连接。缺点是键槽对轴的强度削弱较大，只适用于轻载场合

图 1-2-7 半圆键连接

花键

由沿轴和轮毂孔周向均布的多个键齿相互啮合而成的连接，称为花键连接。花键分为内花键和外花键

图 1-2-8 花键连接

按照齿廓形状，花键可以分为渐开线花键（图 1-2-9）、矩形花键（图 1-2-10）和滚珠花键（图 1-2-11）等。

渐开线花键	矩形花键
齿廓为渐开线，具有制造精度高、齿根强度高、应力集中小、承载能力大、定心精度高等特点	两侧面为平面，形状简单，加工方便。由于制造时轴和轮毂上的结合面都经过磨削，消除热处理所引起的变形，故定心精度高、应力集中小、承载能力大，应用较为广泛

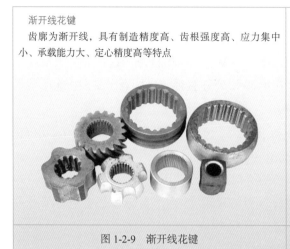

图 1-2-9 渐开线花键

图 1-2-10 矩形花键

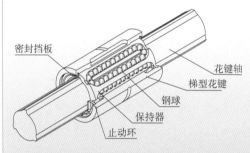

密封挡板
花键轴
梯型花键
钢球
保持器
止动环

滚珠花键
利用装在梯形花键内的钢球，在经过精密研磨的花键轴滚动沟槽中，一边做平滑的直线运动，一边传递转矩，是具有划时代意义的直线运动系统。特别适用于振动冲击大、运动速度高、定位精度要求高的场合

图 1-2-11 滚珠花键

（4）楔键连接

楔键分为普通楔键和钩头楔键。普通楔键有圆头（A 型）、方头（B 型）和单圆头（C 型）三种。钩头楔键的钩头用于拆键，如图 1-2-12 所示。

楔键属于紧键连接，紧键连接是靠上下底面来传递转矩的，工作面是上下底面，如图 1-2-13 所示。紧键连接适用于低速轻载、精度要求不高的场合。其对中性较差，力有偏心，不适宜高速和精度要求高的连接，变载下易松动。钩头只用于轴端连接，如在轴中部使用，键槽应比键长 2 倍才能装入，且要罩安全罩。

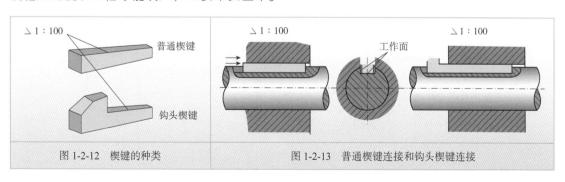

△1:100
普通楔键
钩头楔键

△1:100
工作面
△1:100

图 1-2-12 楔键的种类

图 1-2-13 普通楔键连接和钩头楔键连接

2）平键连接的选用

平键的尺寸如图 1-2-14 所示。选择步骤如下：

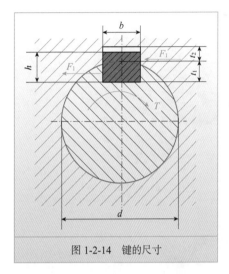

图 1-2-14　键的尺寸

（1）根据工作要求和使用特点，选择键的类型。

（2）按照轴颈公称直径 d，从表 1-2-1 中选择截面尺寸 $b \times h$。

（3）根据轮毂长度 L_1 选择键的长度 L，$L=L_1-$（5~10）mm，并且符合标准的长度。

（4）键的材料和标记如下：

键的材料通常采用 45 钢，当轮毂是有色金属或非金属时，键可用 20 钢或 Q235 钢制造。

键的标记如下。

A 型键：键 $b \times L$ GB/T 1096—2003

B 型键：键 B $b \times h \times L$ GB/T 1096—2003

C 型键：键 C $b \times h \times L$ GB/T 1096—2003

标记示例如下。

键 16×100 GB/T 1096—2003，表示键宽 16mm、键长 100mm 的 A 型普通平键。

键 B18×100 GB/T 1096—2003，表示键宽 18mm、键长 100mm 的 B 型普通平键。

键 C18×100 GB/T 1096—2003，表示键宽 18mm、键长 100mm 的 C 型普通平键。

（5）校核挤压强度 σ_p，$\sigma_p=\dfrac{4T}{dhl} \leqslant [\sigma_p]$，其中工作长度选择如下：

A 型键：$l=L-b$；B 型键：$l=L$；C 型键：$l=L-b/2$。

许用应力 $[\sigma_p]$ 见表 1-2-2。

（6）选择并标注键连接的轴毂公差，见表 1-2-1。

普通平键和键槽尺寸（单位：mm）　　　　　　　　表 1-2-1

轴颈	键		键　槽										
			宽度 b 极限偏差				深　　度				半　径 r	
			松连接		正常连接		紧密连接	轴 t_1		毂 t_2			
d	$b \times h$	L	轴 H9	毂 D10	轴 N9	毂 JS9	轴和毂 P9	公差尺寸	极限偏差	公差尺寸	极限偏差	最小	最大
>38~44	12 × 8	28~140						5.0		3.3			
>44~50	14 × 9	36~160	+0.043	+0.012	0	± 0.0215	-0.018	5.5	+0.2	3.8	+0.2	0.25	0.40
>50~58	16 × 10	45~180	0	+0.050	-0.043		-0.061	6.0	0	4.3	0		
>58~65	18 × 11	50~200						7.0		4.4			
L 系列：…，16，18，20，22，25，28，32，36，40，45，50，56，63，70，80，90，100，110，125，…													

键连接材料的许用应力（单位：MPa）　表 1-2-2

项　目	连接性质	键或轴、毂材料	荷　载　性　质		
			静荷载	轻微冲击荷载	冲击荷载
$[\sigma_p]$	静连接	钢	120~150	100~120	60~90
		铸铁	70~80	50~60	30~45
	动连接	钢	50	40	30

 和聪明的小蚂蚁一起做一道例题

【例题 1-2-1】已知某键连接（图 1-2-15），轴直径 d=40mm，齿轮轮毂长 L=70mm，轴传递的转矩 T=200000N·mm，选择该键连接。

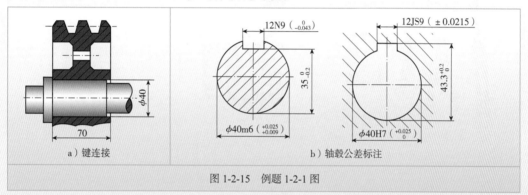

a）键连接　　b）轴毂公差标注

图 1-2-15　例题 1-2-1 图

解：①选择类型。根据工作要求和使用特点，为保证齿轮传动啮合良好，要求轴毂对中性好，故选择 A 型普通平键连接。

②根据轴颈公称直径 d，从表 1-2-1 中选择截面尺寸 $b×h$ 为 12×8。

③根据轮毂长度 L_1 选择键的长度 L，$L=L_1-（5~10）=70-（5~10）=65~60\text{mm}$，并且应符合标准长度系列，取 L=63mm。

④键的标记：键 12×8×63　GB/T 1096—2003

⑤校核挤压强度：

$$\sigma_p = \frac{4T}{dhl} = \frac{4×200000}{40×8×（63-12）} = 49.02\text{MPa} \leqslant [\sigma_p]，键的强度满足要求。$$

⑥查表 1-2-1 标注键连接的轴毂公差，如图 1-2-15b）所示。

1.2.2　销连接

1）销连接的作用和类型

销连接主要用于定位，即固定零件间的相对位置，也用于轴与毂的连接或其他零件的连接，还可以作为安全装置中的过载剪断零件。销连接的类型如图 1-2-16 所示。

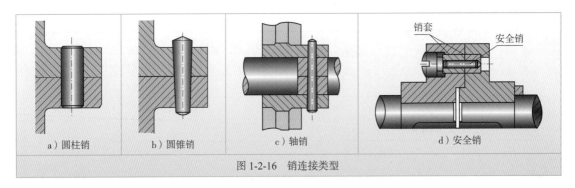

| a）圆柱销 | b）圆锥销 | c）轴销 | d）安全销 |

图 1-2-16 销连接类型

2）销的类型

销的基本类型有圆柱销（图 1-2-17）、圆锥销（图 1-2-18）和异形销（图 1-2-19~ 图 1-2-22）三种。

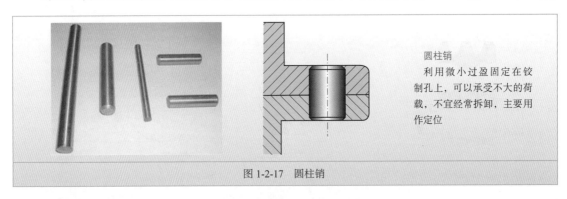

圆柱销

利用微小过盈固定在铰制孔上，可以承受不大的荷载，不宜经常拆卸，主要用作定位

图 1-2-17 圆柱销

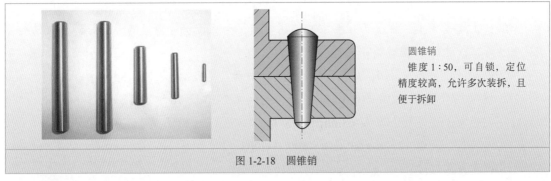

圆锥销

锥度 1∶50，可自锁，定位精度较高，允许多次装拆，且便于拆卸

图 1-2-18 圆锥销

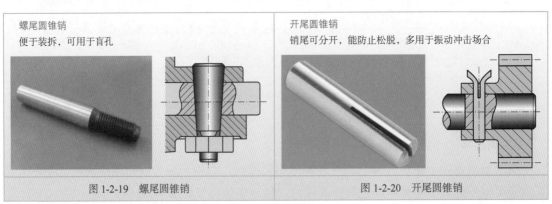

螺尾圆锥销
便于装拆，可用于盲孔

开尾圆锥销
销尾可分开，能防止松脱，多用于振动冲击场合

图 1-2-19 螺尾圆锥销　　　　　图 1-2-20 开尾圆锥销

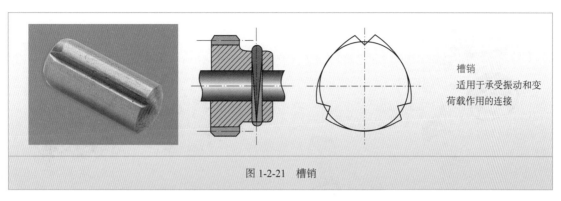

图 1-2-21 槽销

槽销
适用于承受振动和变荷载作用的连接

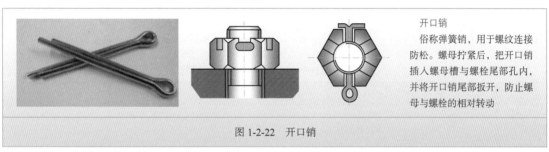

图 1-2-22 开口销

开口销
俗称弹簧销，用于螺纹连接防松。螺母拧紧后，把开口销插入螺母槽与螺栓尾部孔内，并将开口销尾部扳开，防止螺母与螺栓的相对转动

1.3 联轴器、离合器

联轴器与离合器主要用于连接两轴，使其共同回转以传递运动和转矩。在机器工作时，联轴器只能保持两轴的结合状态，而离合器可以根据需要在运转或停机时使两轴接合或分离。在生产、生活中，许多机器设备需要利用联轴器、离合器才能保证正常工作，如热轧机（图 1-3-1）、汽车（图 1-3-2）等。

图 1-3-1 热轧机联轴器

1.3.1 联轴器

联轴器按结构特点，可分为刚性联轴器和挠性联轴器两大类。挠性联轴器又可分为无弹性元件联轴器和弹性元件联轴器。常见联轴器的类型、结构、特点及应用见表 1-3-1。

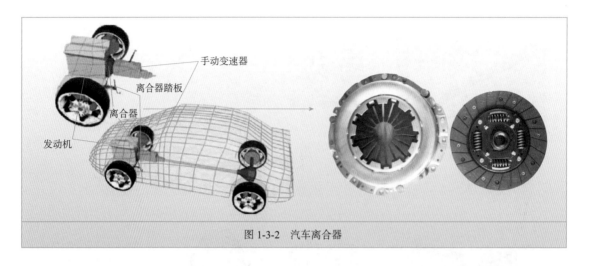

图 1-3-2 汽车离合器

常见联轴器的类型、结构、特点及应用　　　　　　　　　　表 1-3-1

类型	图　　示	结构、特点及应用
刚性联轴器	凸缘联轴器 螺栓　平键　半联轴器	带有凸缘的两个半联轴器分别用键与两轴相连，再用螺栓将两个半联轴器的凸缘连接在一起。 不具有补偿被连两轴轴线相对偏移的能力，也不具有缓冲减振性能，但结构简单，价格便宜。只有在荷载平稳，转速稳定，能保证被联两轴轴线相对偏移极小的情况下，才可选用刚性联轴器
	套筒联轴器 平键　套筒　紧定螺钉	用一个套筒通过键将两轴连接在一起。用紧定螺钉来实现轴向固定。 结构简单，径向尺寸小，但被连接的两轴拆卸时需做轴向移动。通常用于传递转矩较小的场合，被连接轴的直径一般不大于 60~70mm
挠性联轴器　无弹性元件联轴器	万向联轴器 叉形支架　十字形构件	两传动轴末端各有一个叉形支架，用铰链与中间的十字形构件相连，十字形构件的中心位于两轴交点处，轴间角 $\alpha=0\sim45°$。 允许两轴间有较大的角位移，传递转矩大，但不平稳。一般成对使用，广泛应用于汽车、工程机械传动轴中
	滑块联轴器 半联轴器　滑块	由两个半联轴器和中间滑块组成。半联轴器与相应轴分别用键连接，端面有凹槽。中间滑块的两端有互相垂直的凸榫，凸榫与凹槽配合构成移动副。 可适当补偿安装及运转时两轴间的相对位移，结构简单，尺寸小，但不耐冲击、易磨损。应用于低速、轴的刚度较大、无强烈冲击的场合

续上表

类型	图　示	结构、特点及应用
挠性联轴器 弹性元件联轴器	 齿轮联轴器 具有内齿的凸缘 螺栓 具有外齿的轮毂	两个有外齿的轮毂分别和主、从动轴相连接，两个有内齿的凸缘用螺栓紧固，利用内外齿啮合实现两轴连接。 具有良好的补偿性，允许有综合位移，可在高速重载下可靠地工作，常用于正反转变化多、启动频繁的场合
	 弹性套柱销联轴器 带橡胶圈的柱销 半联轴器	结构与凸缘联轴器相似，只是用带有橡胶弹性套的柱销代替了连接螺栓。 制造容易，拆装方便，成本较低，但使用寿命短。适用于荷载平稳，启动频繁，转速高，传递中、小转矩的轴
	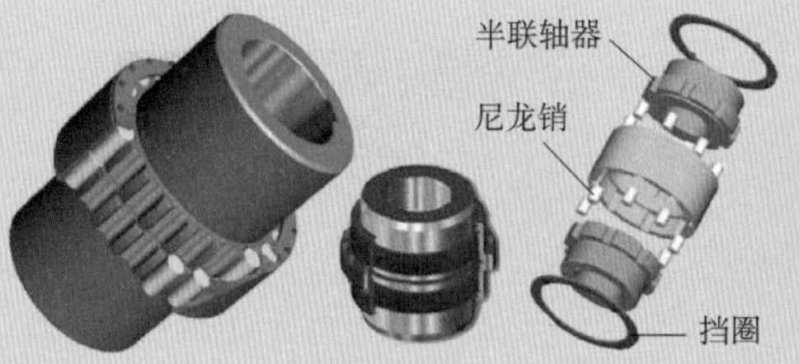 弹性柱销联轴器 半联轴器 尼龙销 挡圈	用尼龙制成的柱销置于两个半联轴器凸缘的孔中。 结构比弹性套柱销联轴器简单，制造容易，维修方便。适用于轴向窜动量较大、正反启动频繁和轻载的场合

1.3.2　离合器

与联轴器相同，离合器主要用来连接两轴并传递转矩。但用离合器连接的两轴，在机器运转过程中可以进行接合和分离。另外，离合器也可用在过载保护的场合中。

离合器的特点是工作可靠，接合平稳，分离迅速而彻底，动作准确，调节维修便利，操作方便省力，结构简单等。

离合器的种类很多，一般机械式离合器可分为摩擦式和啮合式两大类。

（1）摩擦式离合器

如图 1-3-3b）所示，多片圆盘摩擦离合器的左半离合器固定在主动轴上，右半离合器固定在从动轴上。外摩擦片组和内摩擦片组构成类似花键的连接。若向左移动锥形圆环，则使压板压紧交替安放的内外摩擦片组，两轴结合；若向右移动滑环，则两轴分离。

摩擦离合器接合平稳，冲击与振动较小，有过载保护作用，但在离合过程中，主、从动轴不能同步回转，外形尺寸大，适合在高速下接合，而主、从动轴同步要求低的场合。

a）CA6140车床多片摩擦离合器   b）多片圆盘摩擦离合器

图 1-3-3　摩擦式离合器

（2）啮合式离合器

由端面带牙的半离合器组成，通过啮合的齿来传递转矩。工作时利用操纵杆带动滑环使半离合器做轴向移动，从而实现动力的接合和分离，如图 1-3-4 所示。

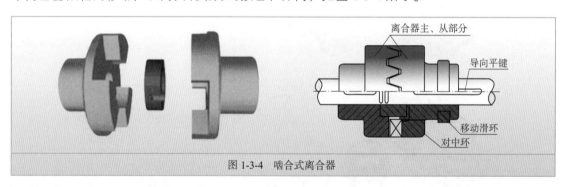

图 1-3-4　啮合式离合器

拓 展 阅 读

1）管螺纹

管螺纹主要用于水管、油管、煤气管等的管道连接，具有机械连接和密封两大功能

常见的管螺纹主要包括以下几种。

（1）NPT：是 National（American）Pipe Thread 的缩写，属于美国标准的 60° 锥管螺纹，用于北美地区。

（2）PT（BSPT）：是 Pipe Thread 的缩写，是 55° 密封圆锥管螺纹，属于惠氏螺纹家族，多用于欧洲及英联邦国家，常用于水及煤气管行业，锥度 1∶16，国内叫法为 ZG。

（3）G：是 55° 非螺纹密封管螺纹，属惠氏螺纹家族。标记为 G，代表圆柱螺纹。

2）公制螺纹与美英制螺纹的区别

（1）公制螺纹用螺距来表示，美英制螺纹用每英寸的螺纹牙数来表示。

（2）公制螺纹是 60° 等边牙形，英制螺纹是等腰 55° 牙形，美制螺纹为等腰 60° 牙形。

（3）公制螺纹用公制单位（如 mm），美英制螺纹用英制单位（如英寸）。

（4）"行内人"通常用"分"来称呼螺纹尺寸，一英寸等于 8 分，1/4 英寸就是 2 分，依此类推。

（5）ISO——公制螺纹标准 60°；UN——统一螺纹标准 60°；API——美国石油管螺纹标准 60°；W——英国惠氏螺纹标准 55°。

单 元 小 结

螺纹连接包括螺栓（普通螺栓、铰制孔用螺栓）连接、双头螺柱连接、螺钉连接及紧定螺钉连接。螺纹连接件是标准件，对螺纹连接的结构和尺寸之间的关系有明确的规定。拧紧可提高连接的紧密性、紧固性和可靠性。在冲击、振动和变荷载、变温作用下的螺纹连接，必须采取摩擦防松、锁住防松、不可拆防松等措施。

键（平键、半圆键和楔键）连接、花键（矩形花键、渐开线花键）连接及销（定位销、连接销、安全销）连接都属于轴毂连接。键是通用标准零件，主要根据轴颈公称直径 d 和轮毂长度 L_1 选择其尺寸。键的主要失效形式是压溃（静连接）或过度磨损（动连接），故分别按照挤压应力或压强进行条件性的强度计算。

联轴器与离合器主要用于连接两轴，使其共同回转以传递运动和转矩。联轴器分为刚性联轴器和挠性联轴器两大类，挠性联轴器又分为无弹性元件联轴器和弹性元件联轴器。要根据工作荷载的大小和性质、转速高低、两轴相对偏移的大小及形式、装拆维护和经济性等方面因素，合理选择联轴器的类型。

练 习 题

1-1　连接用的螺母、垫圈的尺寸（型号）是根据螺栓的_____选用的。

1-2　应用最广的螺纹连接方式是_____。

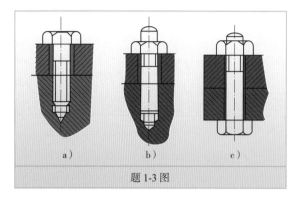

题 1-3 图

1-3 如图所示的三种螺纹连接，依次为
_____。

A. 螺栓连接、螺柱连接、螺钉连接

B. 螺钉连接、螺柱连接、螺栓连接

C. 螺钉连接、螺栓连接、螺柱连接

D. 螺柱连接、螺钉连接、螺栓连接

1-4 在螺栓连接中，采用弹簧垫圈防松
是_____。

A. 摩擦防松   B. 机械防松

C. 冲边防松   D. 黏结防松

1-5 为什么大多数螺纹连接必须防松? 防松措施有哪些?

1-6 键连接主要是用来实现轴与轴上零件（如齿轮、带轮等）之间的固定_____，并传递_____和_____。常用的键连接有_____连接、_____连接、_____连接、_____连接和_____连接。

1-7 当轴上零件需在轴上做距离较短的相对滑动，且传递转矩不大时，应用_____键连接；当传递转矩较大，且对中性要求高时，应用_____键连接。

1-8 平键标记: 键 B12×30 GB/T 1096 中，12×30 表示_____。

A. 键宽 × 键高   B. 键高 × 键长

C. 键宽 × 键长   D. 键宽 × 轴径

1-9 花键连接主要用于_____场合。

A. 定心精度要求高，荷载较大   B. 定心精度要求一般，荷载较大

C. 定心精度要求低，荷载较小   D. 定心精度要求低，荷载较大

1-10 销连接主要用于_____，也用于_____，还
可以作为_____。

1-11 如图所示为某一销连接，试问其中圆锥销起
_____作用。

A. 用以传递轮毂与轴间的较大转矩

B. 用以传递轮毂与轴间的较小转矩

C. 确定零件间的相互位置

D. 充当过载剪断元件

1-12 两轴线易对中、无相对位移的轴宜选_____

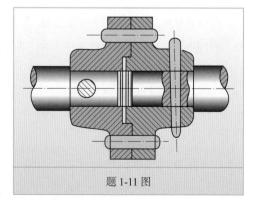

题 1-11 图

联轴器；两轴线不易对中、有相对位移的长轴宜选_____联轴器；启动频繁、正反转多变、使用寿命要求长的大功率重型机械宜选_____联轴器；广泛应用于汽车、工程机械传动轴中，允许两轴间有较大的角位移，传递转矩大，但不平稳，宜选_____联轴器。

1-13　摩擦离合器靠_____来传递扭矩，两轴可在任何速度下实现接合或分离。

1-14　在荷载平稳，转速稳定，能保证被联两轴轴线相对偏移极小的情况下，常选用的联轴器为_____。

A. 刚性联轴器　　　　　　　　　B. 可移式联轴器

C. 弹性联轴器　　　　　　　　　D. 安全联轴器

1-15　在荷载具有冲击、振动，且轴的转速较高、刚度较小时，一般选用_____。

A. 刚性联轴器　　　　　　　　　B. 可移式联轴器

C. 弹性联轴器　　　　　　　　　D. 安全联轴器

1-16　联轴器与离合器的主要作用是_____。

A. 缓冲、减振　　　　　　　　　B. 传递运动和转矩

C. 防止机器发生过载　　　　　　D. 补偿两轴的不同心或热膨胀

单元2 常用机构

机构是用来传递运动和力的构件系统。常用机构的基本功能是变换运动形式，例如将回转运动变换为往复运动，将匀速连续转动变换为非匀速连续转动或间歇运动等，常见的有平面四杆机构、凸轮机构和间歇运动机构等。

2.1 运动副、构件与平面机构

2.1.1 运动副

两构件直接接触并能产生相对运动的活动连接称为运动副。运动副有低副和高副两种类型。

1）低副

（1）定义

两构件通过面与面接触组成的运动副称为低副。

（2）低副的类型和应用

低副分转动副、移动副、螺旋副几种类型。

①转动副：两构件在接触处只允许做相对转动的运动副，如图 2-1-1~ 图 2-1-3 所示。

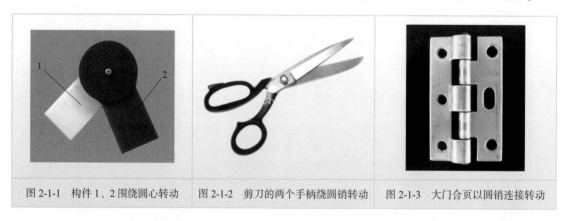

图 2-1-1 构件1、2围绕圆心转动　　图 2-1-2 剪刀的两个手柄绕圆销转动　　图 2-1-3 大门合页以圆销连接转动

②移动副：两构件在接触处只允许做相对移动的运动副，如图 2-1-4~ 图 2-1-6 所示。

③螺旋副：两构件只能沿轴线做相对螺旋运动的运动副，在接触处两构件做既转又移的复合运动，如图 2-1-7~ 图 2-1-9 所示。

（3）低副的运动特点

低副的接触表面一般是平面或圆柱面，比较容易制造和维修，承载时的单位面积压力较小，但是低副是滑动摩擦，摩擦大，效率较低。

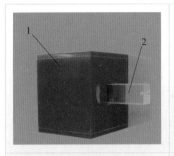

图 2-1-4　构件1、2之间沿某一轴线的相对运动

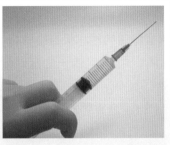

图 2-1-5　针管、针管塞的接触运动

图 2-1-6　线性滑轨

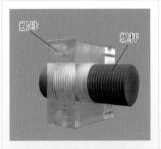

图 2-1-7　螺母和螺杆之间的相对运动

图 2-1-8　调整螺杆正反螺母的反向紧度

图 2-1-9　台虎钳螺母和螺杆之间的相对运动

2）高副

（1）定义

高副是指两构件之间做点或线接触的运动副。

图 2-1-10 为滚动轮与地面之间的接触（点接触），图 2-1-11 为两轮齿之间的接触（线接触），图 2-1-12 为偏心轮与杆件间的接触（点接触）。

图 2-1-10　滚动轮接触

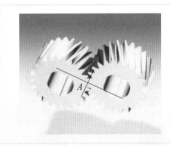

图 2-1-11　齿轮接触

图 2-1-12　偏心轮接触

（2）高副运动的特点

承受荷载时的单位面积压力较大，两构件接触处容易磨损，制造和维修困难，但高副能传递较复杂的运动。

2.1.2 构件

如图 2-1-13 所示,构成机构中的实体叫构件。机构中的构件分为三类:固定的构件称为机架,按给定的已知运动规律独立运动的构件称为原动件,其余活动构件则称为从动件。

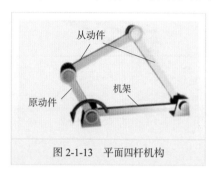

图 2-1-13 平面四杆机构

1)具有转动副的构件

当机构中转动副间距较大时,一般制成杆状,而杆状构件的受力状况和功能有所区别,故而有不同的横截面。构件截面尺寸相对强度而言是偏大的,主要是构件应具有足够的刚度和抗振能力,如图 2-1-14 所示。

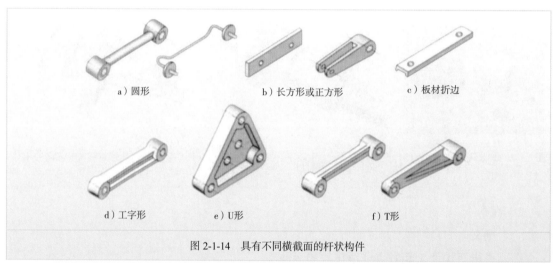

a)圆形   b)长方形或正方形   c)板材折边

d)工字形   e)U形   f)T形

图 2-1-14 具有不同横截面的杆状构件

2)具有移动副和转动副的构件

图 2-1-15~图 2-1-17 分别为单缸内燃机模型、自动送料机模型、冲床构造模型。这里的活塞与缸体组成移动副,同时又与连杆组成转动副。这类构件多呈块状,故常称为滑块。

图 2-1-15 单缸内燃机模型   图 2-1-16 自动送料机模型   图 2-1-17 冲床构造模型

3）具有两个螺旋副的构件

如图 2-1-18、图 2-1-19 所示的差动螺旋传动机构中，螺杆分别与机架及活动螺母组成 a 和 b 两段螺旋副，a 为固定螺母，b 为活动螺母，它不能回转但能沿机架的导向槽移动。若 a 段和 b 段的螺旋方向相同，则活动螺母的实际移动距离是固定螺母与活动螺母导程之差。该机构用在微调镗刀机构中。

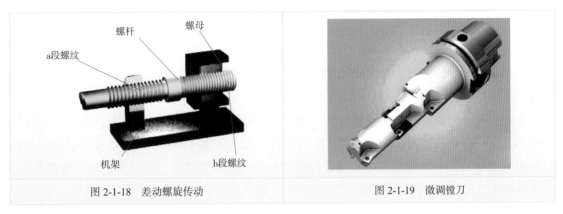

| 图 2-1-18　差动螺旋传动 | 图 2-1-19　微调镗刀 |

4）具有两个移动副的构件

图 2-1-20 为十字滑块联轴器。它是由两端开有凹槽的半联轴器 2、3 及一个两端具有垂直凸块（滑块）的中间滑块 1 组成。中间盘两端的凸块分别嵌在左右套筒的凹槽中，将两轴连在一起。中间盘浮动装在两套筒之间，如果两轴的轴心线不同轴，旋转时中间盘的凸块便可在凹槽内滑动，实现联轴器的正常运转。

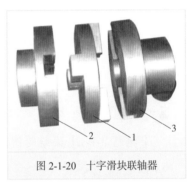

图 2-1-20　十字滑块联轴器

2.1.3　平面机构

1）平面机构的定义

若组成机构的所有构件都在同一平面或者相互平行的平面内运动，则称该机构为平面机构。

2）平面机构运动简图

（1）平面机构运动简图的概念

实际的机器或机构比较复杂，构件的外形和构造也各式各样。用简单符号表示机构各构件间运动关系的图形称为机构运动简图，见表 2-1-1。

（2）平面机构运动简图的绘制方法和步骤

按照机器实物或机器装配图来绘制平面机构运动简图的方法和步骤如下。

①分析机构的组成和运动情况。观察机构的运动情况，找出主动件、从动件和机架。从主动件开始，沿着传动路线分析各构件间的相对运动关系，确定机构中构件的数目。

机构运动简图符号　　　　　　　　　　　表 2-1-1

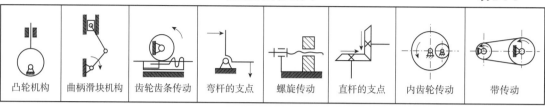

| 凸轮机构 | 曲柄滑块机构 | 齿轮齿条传动 | 弯杆的支点 | 螺旋传动 | 直杆的支点 | 内齿轮传动 | 带传动 |

②确定运动副的类型及其数目。根据相连两构件间的相对运动性质和接触情况确定机构中运动副的类型、数目及各运动副的相对位置。

③选择视图平面。为了能够清楚地表明各构件间的运动关系，对于平面机构，通常选择与各构件运动平面相平行的平面作为视图平面。

④选择适当的比例尺 u_1，绘制机构运动简图。根据机构实际尺寸和图纸大小确定适当的长度比例尺，按照各运动副间的距离和相对位置，用规定的符号和线条将各运动副连起来即为所要画的机构运动简图。图中各运动副顺次标以大写英文字母，各构件标以阿拉伯数字，用箭头标明主动件。

绘制机构简图的比例尺 u_1 的计算公式为：

$$u_1 = \frac{实际长度（mm）}{图示长度（mm）}$$

 和聪明的小蚂蚁一起做道题

【例题 2-1-1】试绘制图 2-1-21 单缸内燃机中曲柄滑块机构的机构运动简图。已知 $L_{AB}=78\text{mm}$，$L_{BC}=310\text{mm}$。

解：（1）在内燃机中，活塞为原动件，曲轴 AB 为工作构件。活塞的往复运动经连杆 BC 变换为曲轴 AB 的旋转运动。

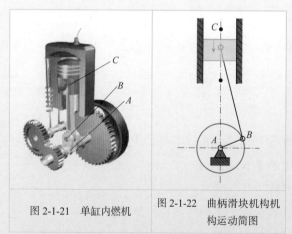

图 2-1-21　单缸内燃机　　图 2-1-22　曲柄滑块机构机构运动简图

（2）活塞与缸体（机架）组成移动副，与连杆 BC 在 C 点组成移动副；曲轴与缸体在 A 点组成转动副，与连杆 BC 在 B 点组成移动副。

（3）选长度比例尺 $\mu_1=0.01\text{m/mm}$，按规定符号绘制机构运动简图，如图 2-1-22 所示。活塞的大小与运动无关，可酌情确定。

2.2 平面四杆机构

平面连杆机构是由若干构件和低副组成的平面机构。这种机构可以实现预期的运动规律及位置、轨迹等要求。平面连杆机构常与机械的工作部分相连，起执行和控制作用，应用广泛。最常见的平面连杆是平面四杆机构。其中，全部运动副都是转动副的铰链四杆机构和含有一个移动副的四杆机构应用最广泛。

2.2.1 铰链四杆机构

铰链四杆机构的构成如图 2-2-1 所示。

根据两连架杆中曲柄的数目，铰链四杆机构分为曲柄摇杆机构、双曲柄机构及双摇杆机构三种基本形式。

定义：在铰链四杆机构中，一连架杆为曲柄，另一连架杆为摇杆，则该机构称为曲柄摇杆机构。两连架杆均为曲柄的铰链四杆机构，称为双曲柄机构。两连架杆均为摇杆的铰链四杆机构，称为双摇杆机构。

1）曲柄摇杆机构

通常以曲柄 AB 为主动件（原动件），以摇杆 CD 为从动件，将曲柄的匀速转动变

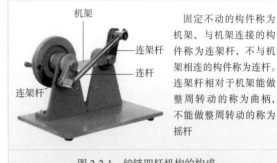

固定不动的构件称为机架，与机架连接的构件称为连架杆，不与机架相连的构件称为连杆。连架杆相对于机架能做整周转动的称为曲柄，不能做整周转动的称为摇杆

图 2-2-1 铰链四杆机构的构成

换为摇杆的往复摆动，如图 2-2-2 和图 2-2-3 所示。而缝纫机脚踏板机构是将主动摇杆的往复摆动变换为从动曲柄的连续转动，如图 2-2-4 所示。

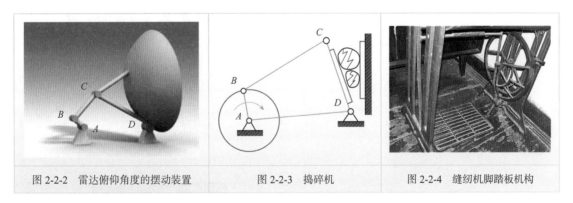

图 2-2-2 雷达俯仰角度的摆动装置　　图 2-2-3 捣碎机　　图 2-2-4 缝纫机脚踏板机构

2）双曲柄机构

（1）一般双曲柄机构的应用

图 2-2-5 为惯性筛插床六杆机构，工作时以曲柄 AB 作为主动件，做等速转动，通过连杆 BC 带动从动曲柄 CD 做周期性的变速运动，然后通过转动连杆 CE，使筛子做变速往复移动。

如图 2-2-6、图 2-2-7 所示，主动曲柄 AB 匀速回转一周，从动曲柄 CD 随之变速回转一

周，滑块往复移动。

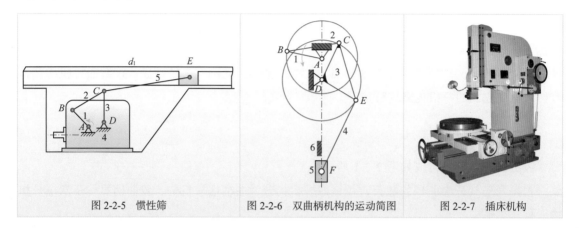

| 图 2-2-5　惯性筛 | 图 2-2-6　双曲柄机构的运动简图 | 图 2-2-7　插床机构 |

（2）特殊双曲柄机构的应用

①平行四边形机构：连杆与机架的长度相等、两个曲柄长度相等且转向相同的双曲柄机构，如图 2-2-8 所示。

该机构的从动曲柄 CD 与主动曲柄 AB 转速相同，连杆做平动，常用于多个平行轴间的传动，如多头铣、多头钻等机械加工装置，图 2-2-9 为火车头车轮的等速运动机构。

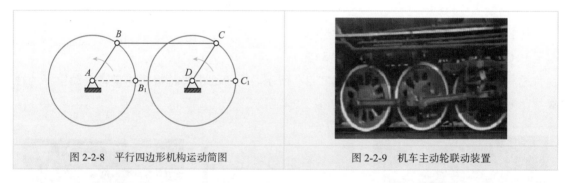

| 图 2-2-8　平行四边形机构运动简图 | 图 2-2-9　机车主动轮联动装置 |

②逆平行四边形机构：连杆与机架的长度相等、两个曲柄长度相等但转向相反的双曲柄机构，如图 2-2-10 所示。

该机构的从动曲柄做变速转动，连杆做平面运动，可替代椭圆齿轮结构，图 2-2-11 为车门启闭机构。

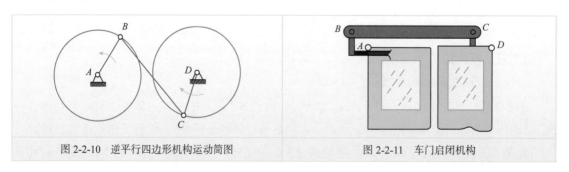

| 图 2-2-10　逆平行四边形机构运动简图 | 图 2-2-11　车门启闭机构 |

3）双摇杆机构

如图 2-2-12、图 2-2-13 所示的港口起重机和抽油机双摇杆机构，可近似实现货物的水平移动。

| 图 2-2-12 港口起重机变幅机构 | 图 2-2-13 抽油机变幅机构 |

2.2.2 判断铰链四杆机构类型的方法

（1）当最短杆与最长杆长度之和小于或等于另外两杆长度之和时，有：

①若最短杆为机架，则该平面四杆机构为双曲柄机构。

②若最短杆为连架杆，则该平面四杆机构为曲柄摇杆机构。

③若最短杆为连杆，则该平面四杆机构为双摇杆机构。

（2）当若最短杆与最长杆长度之和大于另外两杆长度之和时，该平面四杆机构为双摇杆机构。

 和聪明的小蚂蚁一起做道题

【例题 2-2-1】各构件尺寸如图 2-2-14 所示，若分别以构件 AB、BC、CD、DA 为机架，则相应得到何种机构？

图 2-2-14 铰链四杆机构类型的判断（尺寸单位：mm）

解：因 AB 最短，BC 最长，故有

$L_{AB}+L_{BC}=800+1300=2100$mm

$L_{AD}+L_{CD}=1200+1000=2200$mm

故 $L_{AB}+L_{BC} \leqslant L_{AD}+L_{CD}$，即最短杆与最长杆长度之和小于另外两杆长度之和。

若 AB 为机架，则最短杆为机架，则该平面四杆机构为双曲柄机构。

若 BC 或者 AD 为机架，则最短杆为连架杆，则该平面四杆机构为曲柄摇杆机构。

若 CD 为机架，则最短杆为连杆，则该平面四杆机构为双摇杆机构。

2.2.3 含有一个移动副的四杆机构

1）曲柄滑块机构

曲柄滑块机构可将主动滑块的往复直线运动，经连杆转换为从动曲柄的连续转动，应用于内燃机中（图 2-1-15）；也可将主动曲柄的连续转动，经连杆转变为从动滑块的往复直线运动，应用于往复式气体压缩机、往复式液体泵等机械中。见图 2-2-16a）对心曲柄滑块机构中，滑块行程 $H=2l$（l 为曲柄长度）。

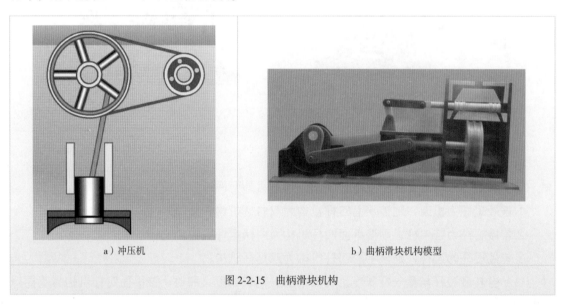

a）冲压机　　　　　　　　　　　　　　b）曲柄滑块机构模型

图 2-2-15　曲柄滑块机构

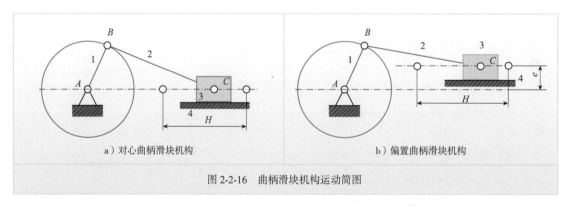

a）对心曲柄滑块机构　　　　　　　　　b）偏置曲柄滑块机构

图 2-2-16　曲柄滑块机构运动简图

如图 2-2-17b）所示的机构称为偏心轮机构，其运动中心 A 与几何中心 B 不重合，工作原理与曲柄滑块机构相同，在颚式破碎机等机器中使用，见图 2-2-17a）。

2）摇杆滑块机构（又称定块机构）

若将图 2-2-17 中的滑块构件作为机架，BC 杆成为绕铰链 C 摆动的摇杆，AC 杆成为滑块做往复移动，就得到摇杆滑块机构。该类机构常用于手摇唧筒（图 2-2-18）或双作用式水泵等机械中。

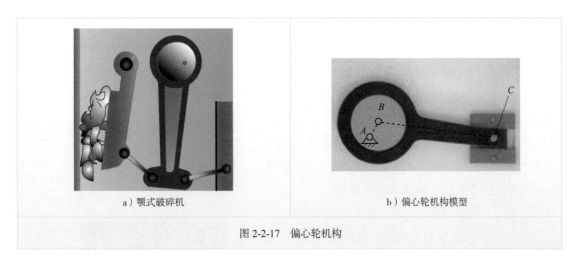

a）颚式破碎机　　　　　　　　　b）偏心轮机构模型

图 2-2-17　偏心轮机构

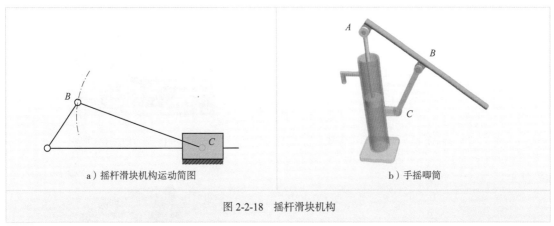

a）摇杆滑块机构运动简图　　　　　　　b）手摇唧筒

图 2-2-18　摇杆滑块机构

3）曲柄摇块机构（又称摇块机构）

　　若将图 2-2-19a）中的连杆 BC 作为机架，滑块可能绕 C 点摆动，就得到曲柄摇块机构。该机构常用于汽车吊车等摆动缸式气、液动机构中，见图 2-2-19b）。

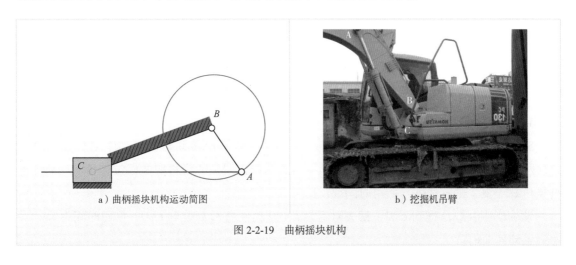

a）曲柄摇块机构运动简图　　　　　　b）挖掘机吊臂

图 2-2-19　曲柄摇块机构

4）导杆机构

在图 2-2-20 中，若 $l_1 \leqslant l_2$，构件 AB 作为机架，构件 BC 作为曲柄，构件 3 沿连架杆 4（又称导杆）移动并做圆周平面运动，就得到曲柄导杆机构，导杆 4 能做整周转动，称为曲柄转动导杆机构，常与其他构件组合，用于插床（图 2-2-21）以及回转泵等机械中。

在图 2-2-22 中，若 $l_1 > l_2$，构件 AB 作为机架，构件 BC 成为曲柄，构件 3 沿连架杆 4（又称导杆）移动，导杆 4 只能做摆动，称为曲柄摆动导杆机构，常与其他构件组合，用于牛头刨床（图 2-2-23）和插床等机械中。

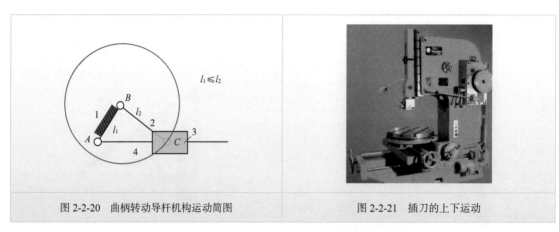

| 图 2-2-20 曲柄转动导杆机构运动简图 | 图 2-2-21 插刀的上下运动 |

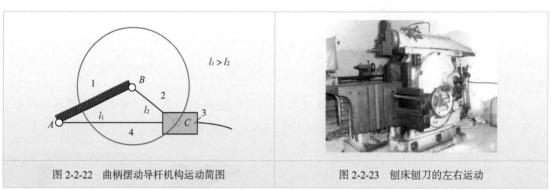

| 图 2-2-22 曲柄摆动导杆机构运动简图 | 图 2-2-23 刨床刨刀的左右运动 |

2.2.4 平面四杆机构的基本特性

1）急回特性

如图 2-2-24 所示的曲柄摇杆机构，当主动件曲柄等速转动时，从动件摇杆在 C_1D 和 C_2D 两极限位置之间做往复摆动，而主动件对应两位置所夹的锐角叫做极位夹角。从动件摇杆摆角 ψ 不变，则其速度与所用时间成反比。

设从动件由 C_1D 摆到 C_2D，摆去时间为 t_1；从动件由 C_2D 摆到 C_1D，摆回时间为 t_2。

主动件曲柄：

从 AB_1 到 AB_2，$\varphi_1=180°+\theta$，用时 t_1；

从 AB_2 到 AB_1，$\varphi_2=180°-\theta$，用时 t_2。

曲柄匀速转动，即 $t \propto \varphi$，则 $\varphi_1>\varphi_2$，即 $t_1>t_2$，所以摇杆回速大于去速。

当主动件做等速转动时，从动件在返回行程的平均速度大于工作行程的平均速度的特性，称为急回特性。

急回特性的程度用行程速比系数 k 表达为：

$$k=\frac{v_2}{v_1}=\frac{t_1}{t_2}=\frac{\varphi_1}{\varphi_2}$$

$$=\frac{180°+\theta}{180°-\theta}>1$$

则：

$$\theta=180° \times \frac{k-1}{k+1}$$

例：$k=1.5$，$\theta=36°$。

如图 2-2-25、图 2-2-26 所示，对于插床、刨床等单向工作的机械，为了缩短刀具非切削时间，提高生产率，要求刀具快速返回，某些平面四杆机构能实现这一要求。

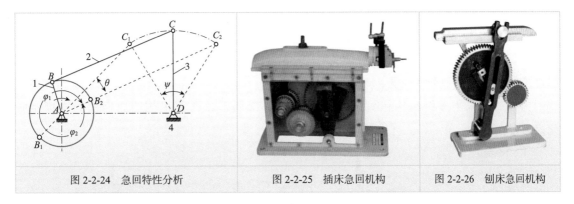

| 图 2-2-24 急回特性分析 | 图 2-2-25 插床急回机构 | 图 2-2-26 刨床急回机构 |

2）死点位置

（1）死点产生的原因

如图 2-2-27 所示，若曲柄摇杆机构，以摇杆 CD 为主动件，曲柄 AB 为从动件，当机构处于图中双点画线所示的两个位置 AB_1C_1 和 AB_2C_2 之一时，由于摇杆处于极限位置，连杆与曲柄共线，摇杆经连杆传递到曲柄上的作用力，刚好通过曲柄回转中心，无法使曲柄转动，出现"顶死"现象，机构的这个位置成为死点位置。死点位置常使机构从动件无法转动或出现运动不确定现象。

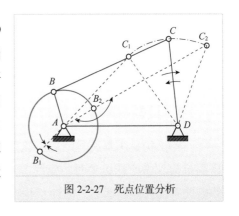

图 2-2-27 死点位置分析

（2）死点的应用

工程上利用死点位置满足特殊要求。如图 2-2-28 所示的飞机起落架机构，连杆 *BC* 和曲柄 *CD* 成一线，此时机轮上即使受到很大的力，但由于机构处于死点位置，起落架不会反转，从而使飞机的降落更加安全可靠。

生活中的折叠桌（图 2-2-29）也是利用了死点位置，当连杆 *AB* 与连架杆 *BC* 成一线时，此时桌面受很大的力，此机构处于死点位置，所以桌子不会翻到。

又如生产中的夹紧机构，见图 2-2-30，当连杆 *BC* 和连架杆 *CD* 处于一条直线上时，也是死点位置，夹具处于夹紧状态。

| 图 2-2-28　飞机起落架 | 图 2-2-29　折叠桌固定机构的死点 | 图 2-2-30　钻床夹具 |

（3）克服死点的方法

死点有利也有弊，为了机构顺利通过死点，可采用如下方法。

方法一：利用从动件本身的质量或附加一转动惯性大的飞轮，如图 2-2-31 所示，依靠其惯性作用来导向通过死点位置。

方法二：采用多组机构错列装置，如图 2-2-32 所示，两组机构的曲柄错列排列克服死点。

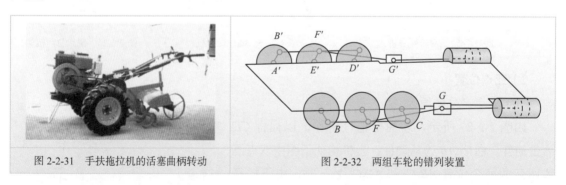

| 图 2-2-31　手扶拖拉机的活塞曲柄转动 | 图 2-2-32　两组车轮的错列装置 |

2.3　凸轮机构

凸轮机构是由具有一定曲线轮廓形状或者上面开有凹槽的凸轮、从动件和机架所组成的高副机构。当凸轮运动时（常为等速转动，也有移动），可迫使与它构成高副接触的另一构件完成某种需要的运动。凸轮机构在各种机械、仪器和控制装置中得到了广泛应用。

2.3.1 凸轮机构的特点

1）优点

（1）结构简单、紧凑

如在内燃机等机器上的应用，见图 2-3-1~ 图 2-3-3。

（2）容易实现各种规律的运动

如在自动机床上的广泛应用，只要适当地设计凸轮的轮廓曲线，就可以使从动件获得任意预定的运动规律，见图 2-3-4。

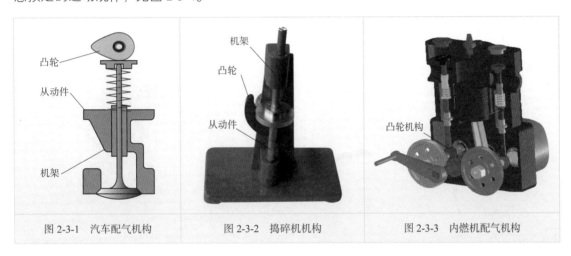

图 2-3-1　汽车配气机构　　图 2-3-2　捣碎机机构　　图 2-3-3　内燃机配气机构

2）缺点

（1）传递功率小，易磨损

如图 2-3-5 所示的绕线机构，当凸轮等速回转时，从动件形成的摆动不太大，可实现在蜗杆上均匀绕线，但是尖顶从动件和凸轮之间的点接触造成凸轮磨损较大。

（2）从动件行程小

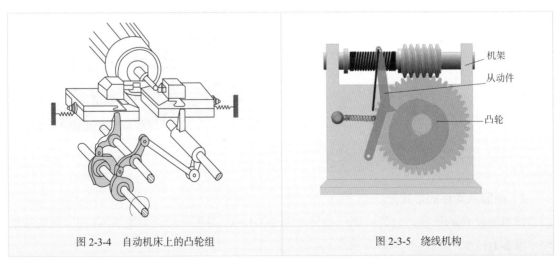

图 2-3-4　自动机床上的凸轮组　　　　图 2-3-5　绕线机构

2.3.2 凸轮机构的类型

工程实际中使用的凸轮机构类型很多，常用的分类方法有以下几种。

1）按照凸轮的形状分

按照凸轮的形状，可分为盘形凸轮（图 2-3-6）、移动凸轮（图 2-3-7、图 2-3-8）、圆柱凸轮（图 2-3-9、图 2-3-10）。

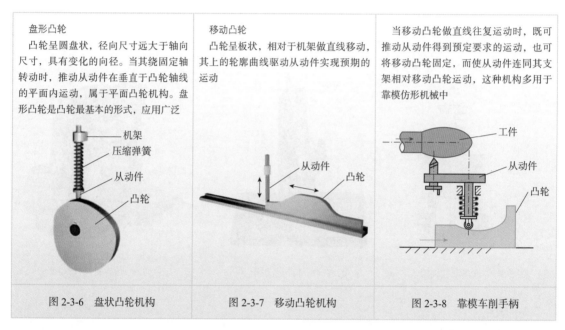

盘形凸轮

凸轮呈圆盘状，径向尺寸远大于轴向尺寸，具有变化的向径。当其绕固定轴转动时，推动从动件在垂直于凸轮轴线的平面内运动，属于平面凸轮机构。盘形凸轮是凸轮最基本的形式，应用广泛

图 2-3-6　盘状凸轮机构

移动凸轮

凸轮呈板状，相对于机架做直线移动，其上的轮廓曲线驱动从动件实现预期的运动

图 2-3-7　移动凸轮机构

当移动凸轮做直线往复运动时，既可推动从动件得到预定要求的运动，也可将移动凸轮固定，而使从动件连同其支架相对移动凸轮运动，这种机构多用于靠模仿形机械中

图 2-3-8　靠模车削手柄

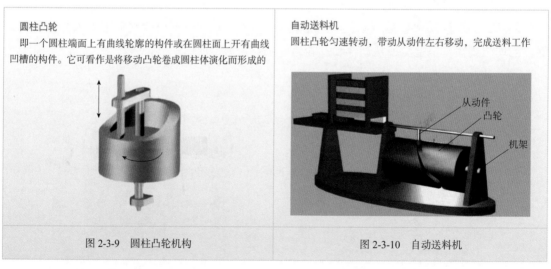

圆柱凸轮

即一个圆柱端面上有曲线轮廓的构件或在圆柱面上开有曲线凹槽的构件。它可看作是将移动凸轮卷成圆柱体演化而形成的

图 2-3-9　圆柱凸轮机构

自动送料机

圆柱凸轮匀速转动，带动从动件左右移动，完成送料工作

图 2-3-10　自动送料机

2）按照从动件的形状分

按照从动件的形状，分为尖顶从动件（图 2-3-11）、滚子从动件（图 2-3-12）、平底丛动件（图 2-3-13）。

尖顶从动件

其尖顶与凸轮轮廓接触，这种从动件尖端易磨损，只适用于荷载较小的低速场合

图 2-3-11 尖顶从动件

滚子从动件

以铰接于从动件端部的滚子与凸轮轮廓接触，滚子与凸轮轮廓间为滚动摩擦，磨损小，可用来传递较大的荷载，故应用广泛

图 2-3-12 滚子从动件

平底从动件

凸轮与平底的接触面间受力平稳，传递效率高。容易形成油膜，润滑较好，常用于高速传动中，但是不能用于凹形凸轮

图 2-3-13 平底从动件

3）按照从动件的运动形式分

按照从动件的运动形式，分为移动从动件（图 2-3-14）、摆动从动件（图 2-3-15）。

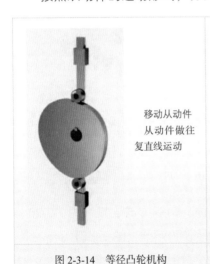

移动从动件
从动件做往复直线运动

图 2-3-14 等径凸轮机构

摆动从动件

为自动车床上使用的机构。当圆柱凸轮回转时，其利用曲线凹槽带动摆动从动件扇形齿轮绕固定轴往复摆动，并通过齿条带动刀架，按一定规律运动，完成进刀或退刀的动作

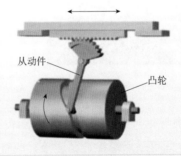

从动件

凸轮

图 2-3-15 自动走刀机构

4）按照凸轮与从动件间的锁合方式分

从动件与凸轮始终保持高副接触称为锁合，有外力锁合（图 2-3-16）、几何锁合（图 2-3-17）两类。

2.3.3 凸轮机构的材料及结构

1）凸轮的材料

凸轮和滚子的工作表面要有足够的硬度、耐磨性和接触强度，有冲击的凸轮机构还要求凸轮芯部有较好的韧性。凸轮和滚子的常用材料有 45、40Cr、20Cr、20CrMnTi。

如图 2-3-18 所示为凸轮表面加工。

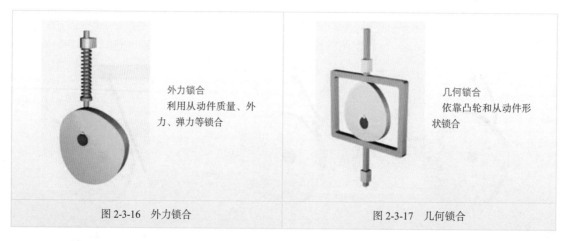

图 2-3-16　外力锁合　　　　　　　　图 2-3-17　几何锁合

2）凸轮机构的结构

如图 2-3-19 所示，当凸轮的轮廓与轴的直径尺寸相差不大时，可制成一体的凸轮轴。

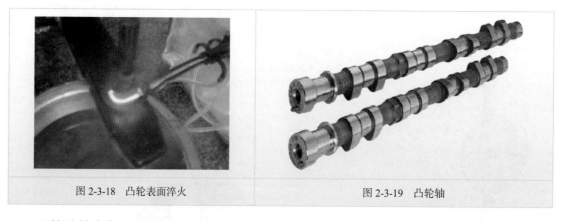

图 2-3-18　凸轮表面淬火　　　　　　图 2-3-19　凸轮轴

凸轮的轮廓与轴尺寸相差较大时，应分别制造，采用键、销等方式连接（图 2-3-20）。滚子与从动件之间可采用螺栓、销连接，或直接采用滚动轴承作为滚子（图 2-3-21）。

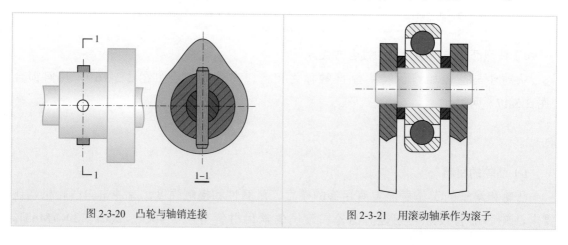

图 2-3-20　凸轮与轴销连接　　　　　图 2-3-21　用滚动轴承作为滚子

拓 展 阅 读

用图解法设计对心尖顶直动从动件盘形凸轮机构凸轮轮廓

设凸轮的基圆半径为 r_b，凸轮以等角速度 ω 顺时针方向回转，从动件的运动规律已知，试设计凸轮的轮廓曲线。

采用反转法，具体设计步骤如下。

（1）选取位移比例尺 μ_s 和凸轮角比例尺 μ_φ，作出位移线图 s-φ，如图 2-3-22b）所示。然后将 φ 和 φ' 分成若干等份（图中为四等份），并自各点作垂线与位移曲线交于 1'，2'，…，8'。

（2）选取长度比例尺 μ（为作图方便，最好取 $\mu=\mu_s$）。以任意点 O 为圆心，r_b 为半径作基圆，如图 2-3-22a）中蓝线所示。再以从动件最低（起始）位置 B_0 起沿 $-\omega$ 方向量取角度 φ，φ_s，φ' 及 φ'_s，并将 φ 和 φ' 按位移线图中的等份数分成相应的等份。再自 O 点引一系列径向线，各径向线即代表凸轮在各转角时从动件导路所依次占的位置。

（3）自各径向线与基圆的交点 B'_1，B'_2，B'_3，…，向外量取各个位移量 $B'_1B_1=11'$，$B'_2B_2=22'$，$B'_3B_3=33'$，…，得 B_1，B_2，B_3，…，这些点就是反转后从动件尖顶的一系列位置。

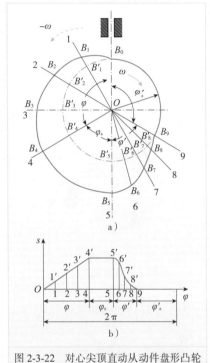

图 2-3-22　对心尖顶直动从动件盘形凸轮机构凸轮轮廓

（4）将 B_0，B_1，B_2，…，B_9 各点连成光滑曲线，其中 B_4、B_5 间和 B_0、B_9 间均是以 O 为圆心的圆弧，即得所求的凸轮轮廓曲线，如图 2-3-22 所示。

2.4　间歇运动机构

在生产中，动力机一般都是输出连续运动的，而有些机器的工作部分却需要做周期性的时动时停的间歇运动。能将主动件的连续运动转换成从动件的周期性间歇运动的机构称为间歇运动机构。棘轮机构、槽轮机构是两种应用广泛的间歇运动机构。

2.4.1　棘轮机构的组成和工作原理

1）棘轮机构的组成

棘轮机构（图 2-4-1）由摇杆、棘爪（主动件）、棘轮（从动件）、止回棘爪及机架等组成。

2）棘轮机构的工作原理

当摇杆逆时针摆动时，它带动棘爪推动棘轮转过一定的角度，此时止回棘爪在棘轮的齿背上滑过；当摇杆顺时针摆动时，棘爪在棘轮的齿背上滑过，止回棘爪阻止棘轮顺时针转动，棘轮静止不动，往复循环。这样，在摇杆做连续摆动时，棘轮便做单向的间歇转动。

3）棘轮机构的类型

棘轮机构的类型很多，按工作原理可分为齿啮式棘轮机构和摩擦式棘轮机构。

（1）齿啮式棘轮机构

①外啮双向式对称棘轮机构（图2-4-2）

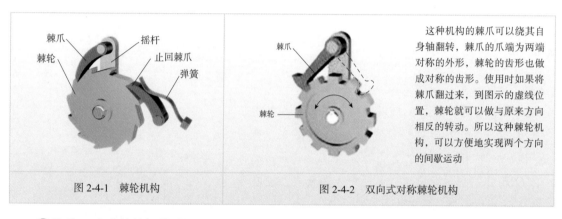

图 2-4-1 棘轮机构　　　　　　　　图 2-4-2 双向式对称棘轮机构

②外啮双动式棘轮机构（图2-4-3）

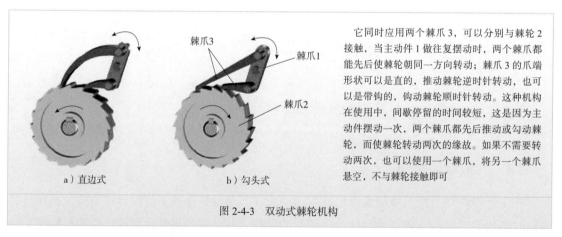

a）直边式　　　　　　　　　b）勾头式

图 2-4-3 双动式棘轮机构

③外啮防止逆转的棘轮机构（图2-4-4）

④内啮合式棘轮机构（图2-4-5）

（2）摩擦式棘轮机构

如图2-4-6所示为摩擦式棘轮机构，棘轮通过棘爪1之间的摩擦传递动力，棘爪2的作用是防止棘轮顺时针转动。转角大小的变化不受限制，可以实现"无级"。而轮式棘轮机构的转角变化是以棘轮的轮齿为单位的，因此轮齿式棘轮机构受轮齿的限制，是"有级"的。因此，摩擦式棘轮机构在一定范围内可任意调节转角。传动噪声小，但在传递较大荷载时，易打滑。

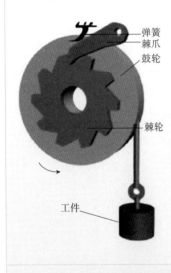

起重设备中常应用这种机构，当转动的鼓轮带动工件上升到了所需的高度位置时，鼓轮就停止转动。为了防止鼓轮的逆转，使用棘爪依靠弹簧而嵌入棘轮的轮齿凹槽中，这样就可以防止鼓轮在任意位置停留时产生的逆转，保证起重工作安全、可靠

图 2-4-4　防止逆转的棘轮机构

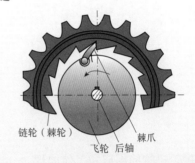

自行车后轴上安装的"飞轮"机构为内啮合式棘轮机构。轮内圈具有棘齿，棘爪安装在后轴上。当链条带动链轮转动时，链轮内侧的棘齿通过棘爪带动后轴转动，驱动自行车前进。当下坡或脚下不蹬踏板时，链轮不动，但后轴由于惯性仍按原方向飞速转动，此时棘爪在棘轮齿背上滑过，自行车继续前进

图 2-4-5　自行车后轴的"飞轮"

如图 2-4-7 所示为滚珠式超越离合器，星轮为主动件，当它顺时针方向转动时，因滚柱（楔块）被楔紧而使离合器外圈处于接合状态；当它逆时针方向转动时，因滚柱被放松而使离合器处于分离状态。若外圈为主动件，则情况刚好相反。接合和分离平稳，无噪声，可在高速转动中接合。

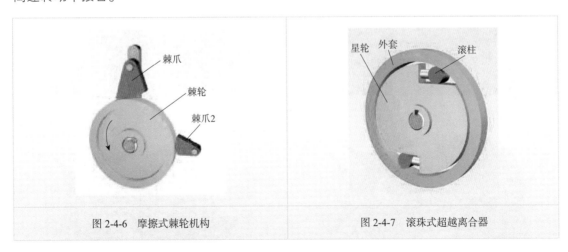

图 2-4-6　摩擦式棘轮机构　　　　　　　图 2-4-7　滚珠式超越离合器

2.4.2　棘轮机构的应用

如图 2-4-8 所示为棘轮机构用于冲床工作台自动转位机构的实例。在此机构中，转盘式

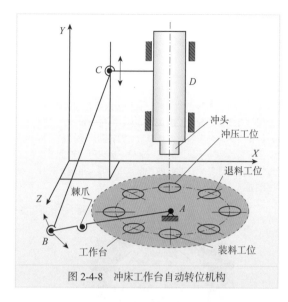

图 2-4-8 冲床工作台自动转位机构

工作台与棘轮固定连接在一起（即工作台相当于棘轮），*ABCD* 为一空间四杆结构，当冲头做上下运动时，可以通过连杆 *BC* 带动摇杆 *AB* 来回摆动，摇杆上装有棘爪，可随摇杆一起摆动而带动工作台（棘轮）转动。

当冲头做上升运动时，摇杆 *AB* 顺时针摆动，并通过棘爪带动工作台，送料到冲压的工作位置处。当冲头做下降运动时，摇杆逆时针摆动，此时棘爪在工作台（棘轮）上滑行，工作台静止不动，冲头完成冲压动作。当冲头再次上升和下降时，则是重复上述的动作过程。

2.4.3 槽轮机构

1）槽轮机构的组成和工作原理

如图 2-4-9 所示，槽轮机构主要由带圆销的拨盘、具有径向槽的槽轮和机架组成。圆销进入槽轮的槽中（图 2-4-9a），拨动槽轮转动，然后带动槽轮继续转动（图 2-4-9b），最后脱离轮槽（图 2-4-9c），槽轮因其凹弧被拨盘的凸弧锁住而静止，在图（图 2-4-9d）中槽轮仍静止。

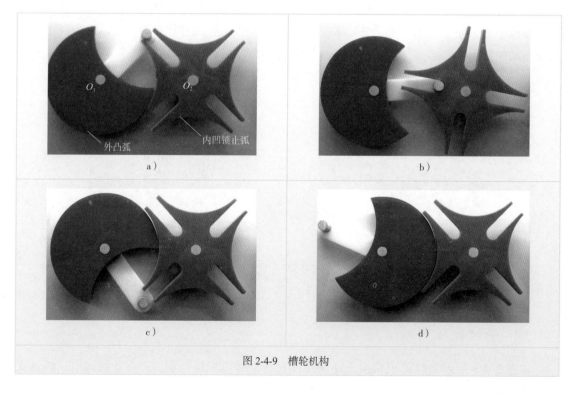

图 2-4-9 槽轮机构

2）槽轮机构的类型和特点

槽轮机构主要有单圆销外啮合槽轮机构（图2-4-10）和双圆销外啮合槽轮机构（图2-4-11）、内啮合槽轮机构（图2-4-12）三种类型。

单圆销外啮合槽轮机构

当主动拨盘每回转一周，圆销拨动槽轮运动一次，且槽轮与主动件转向相反。槽轮静止不动的时间很长

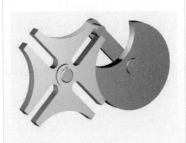

图2-4-10　单圆销外啮合槽轮机构

双圆销外啮合槽轮机构

主动拨盘每回转一周，槽轮运动两次，减少了停止不动的时间。槽轮与主动杆转向相反。增加圆销个数，可使槽轮运动次数增多，但应注意圆销数目不宜太多

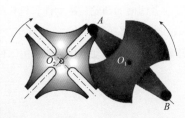

图2-4-11　双圆销外啮合槽轮机构

内啮合槽轮机构

主动拨盘匀速转动一周，槽轮间歇地转过一个槽口，槽轮与拨盘转向相同。内啮合槽轮机构结构紧凑，传动较平稳，槽轮停歇时间较短

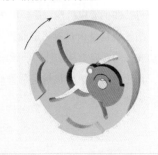

图2-4-12　内啮合槽轮机构

3）槽轮机构的应用

如图2-4-13所示为六角车床的刀架转位机构。为了按照零件加工工艺的要求，自动改变需要的刀具，采用槽轮机构。由于需要装有6种可以变换的刀具，因而槽轮上开有6条径向槽，而圆销每进出槽轮一次，可推动槽轮转动60°，这样可以间歇有序地将下道工序需要的刀具依次转换到工具位置上。

如图2-4-14所示为槽轮机构在冰淇淋灌装机上的应用。为适应间歇罐装，要求机构做间歇运动，槽轮开有4条径向槽，当转动轴带动圆销，每转过一周时，槽轮转过90°，这样既完成了灌装时的停歇，又完成了瓶罐的换位。

图2-4-13　六角冲床自动转位

图2-4-14　冰淇淋灌装机构

单元小结

机构是用来传递运动和动力的构件系统。机构中各个构件以平面低副（转动副和移动副）和平面高副（齿轮副和凸轮副）等方式彼此连接。机构运动简图是用简单符号表示构件各构件间的运动关系的图形。

平面四杆机构的基本形式是铰链四杆机构。铰链四杆机构可以将主动件的连续转动或者往复摆动变换为从动件的连续转动或者往复摆动，应用广泛。根据四根构件的长度可以准确判断双曲柄机构、双摇杆机构、曲柄摇杆机构三种铰链四杆机构类型。急回特性和死点在生产中有一定应用。含有一个移动副的四杆机构包括曲柄滑块机构、摇杆滑块机构、曲柄摇块机构和导杆机构。

凸轮机构是由具有一定曲线轮廓或者凹槽的凸轮、从动件和机架组成的高副机构，可以将凸轮的连续转动或移动转换为从动件的连续或间歇的往复移动或摆动，在实际生产中应用广泛。

棘轮机构和槽轮机构是两种应用较多的间歇运动机构，能将主动件的连续运动转换成从动件的周期性间歇运动。

练 习 题

2-1 机器的最小单元是_____，机器的运动单元是_____，机器的制造单元是_____，机械是机器与_____的总称。零件可以分为_____零件和_____零件两类。

2-2 平面运动副分为低副与_____，其中低副是_____接触，低副又分为_____和_____两类。高副是指两构件通过_____接触构成的运动副。

2-3 如图所示汽车前窗刮水器是_____。

    A. 曲柄摇杆机构   B. 双摇杆机构

    C. 双曲柄机构   D. 摆动导杆机构

2-4 如图所示汽车转向机构属于_____。

    A. 曲柄摇杆机构   B. 曲柄滑块机构

    C. 双曲柄机构   D. 双摇杆机构

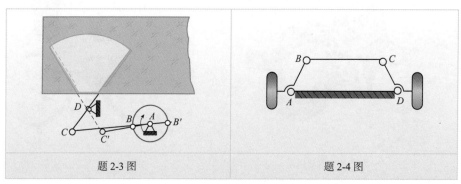

| 题 2-3 图 | 题 2-4 图 |

2-5　如图所示为装料机示意图，构件 *AB*、*BC*、*CD* 和 *AD* 组成_____。

    A. 曲柄摇杆机构　　　　　　　　　　B. 双摇杆机构

    C. 平行双曲柄机构　　　　　　　　　D. 摆动导杆机构

2-6　已知：铰接四杆机构中，杆长如图所示。

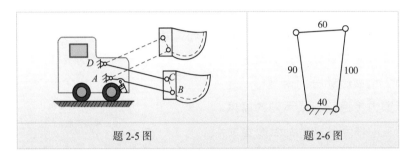

| 题2-5图 | 题2-6图 |

（1）判断该机构为铰接四杆机构中的哪种机构，为什么？（要求写出计算过程）

（2）分别说出长度是 90mm 和 100mm 杆的具体名称。

2-7　缝纫机器在使用中，可能会突然卡住，怎样用力踩踏板也不会动，是由于其刚好处于
_____位置。折叠桌子可以正常支撑，是利用了_____特性。牛头刨床刀具回刀时速
度比切削时大，是应用了平面四杆机构的_____特性。

2-8　按照凸轮的形状和从动件的两个不同方面分别简述凸轮传动的具体分类。请列举生活
生产中的两个实例。

2-9　如图 2-3-3 所示的单缸内燃机由哪三大机构组成？第一个机构具体由哪几个构件组成？

2-10　为什么滚子从动件凸轮机构应用最广泛？高速凸轮机构应采用何种端部形状的从动件？

2-11　简述棘轮机构的组成和棘轮机构的工作原理。

2-12　简述槽轮机构的组成和槽轮机构的工作原理。

单元 3　机　械　传　动

机械传动主要是指利用机械方式传递动力和运动的传动。机械传动形式多样、工作可靠，在机械工程中应用非常广泛。根据工作原理的不同，机械传动分为两类：一是靠机件间的摩擦力传递动力或运动的摩擦传动，二是靠主动件与从动件啮合或借助中间件啮合传递动力或运动的啮合传动，如图 3-1-1 所示。

3.1　带传动

带传动具有过载保护、挠性连接的作用，是机械传动中重要的传动形式之一，在生活中比较常见，见图 3-1-2~ 图 3-1-5。

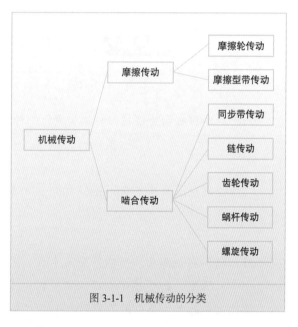

图 3-1-1　机械传动的分类

图 3-1-2　汽车发动机中的同步带

图 3-1-3　滑动轴承试验台

图 3-1-4 建筑机械中的发动机

图 3-1-5 动平衡机

3.1.1 带传动的组成、类型和特点

1）带传动的组成和工作原理

（1）带传动的组成

带传动一般由主动带轮、从动带轮和紧套在两轮上的挠性带组成，如图 3-1-6、图 3-1-7 所示。

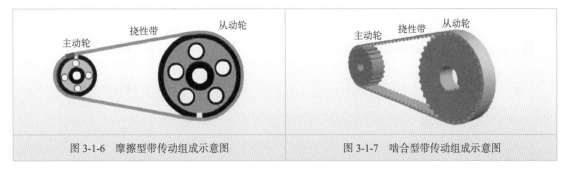

图 3-1-6 摩擦型带传动组成示意图　　　　图 3-1-7 啮合型带传动组成示意图

（2）摩擦型带传动的工作原理

带张紧在带轮上，产生初拉力，使带与带轮接触面上产生一定的正压力，工作时主动轮回转，带与带轮之间产生摩擦力，靠摩擦力将主动轴的运动或动力传给从动轴。

2）带传动的类型

带传动的类型见图 3-1-8。

平带传动是靠带的内表面与带轮外圆间的摩擦力传递运动或动力，如图 3-1-9~图 3-1-11 所示。

圆带传动中带的截面形状为圆形，其传动能力小，主要用于 $v<15m/s$、$i=0.5~3$ 的小功率传动，如图 3-1-12 所示。

图 3-1-8 带传动的类型

| 图 3-1-9 平带传动模型 | 图 3-1-10 大理石切割机 |

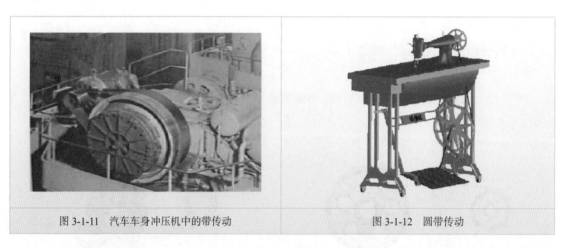

| 图 3-1-11 汽车车身冲压机中的带传动 | 图 3-1-12 圆带传动 |

　　V 带传动是靠带两个侧面与带轮轮槽间的摩擦力来传递动力的。在相同的带张紧程度下，V 带传动的摩擦力要比平带传动大约 70%，其承载能力因而比平带传动高，如图 3-1-13、图 3-1-14 所示。

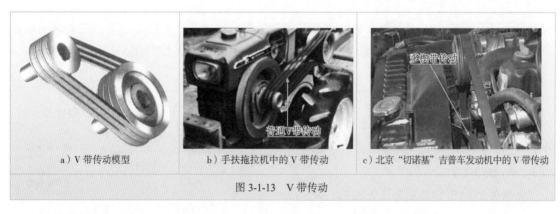

| a）V 带传动模型 | b）手扶拖拉机中的 V 带传动 | c）北京"切诺基"吉普车发动机中的 V 带传动 |

图 3-1-13　V 带传动

　　同步带传动是靠带上的齿与带轮上的齿槽的啮合作用来传递运动和动力的。同步带传动工作时带与带轮之间不会产生相对滑动，能够获得准确的传动比，如图 3-1-15 所示。

3）带传动的特点

优点：

（1）带有弹性，能起缓冲、吸振作用，运转平稳，噪声小。

（2）过载时带在带轮上打滑，具有过载保护作用，制造和安装精度不像啮合传动那样严格。

（3）结构简单，成本低，无需润滑，维护方便，适用于两轴中心距 a 较大的传动。

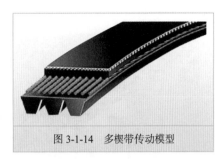

图 3-1-14　多楔带传动模型

缺点：

（1）外廓尺寸大，结构不紧凑。

（2）有弹性滑动和打滑，传动比 i 不准确。

（3）带的寿命短。

| a）同步带传动模型 | b）新式自行车中的同步带传动 | c）机器人关节中的同步带传动 |

图 3-1-15　同步带传动

3.1.2　普通 V 带和 V 带带轮

1）V 带

V 带是一种无接头的环形带，其横截面呈等腰梯形，工作面是与轮槽相接触的两个侧面，带与轮槽底面不接触。其结构如图 3-1-16 所示，分别由顶胶层、底胶层（橡胶组成）、包布层（橡胶组成）、抗拉层（帘布芯结构、线绳芯结构）组成。

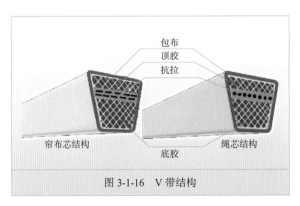

图 3-1-16　V 带结构

2）V 带带轮

V 带带轮一般由轮缘、轮辐、轮毂三部分组成（图 3-1-17、图 3-1-18）。按轮辐的不同，可以分为实心式、腹板式、孔板式和轮辐式四种，如图 3-1-19 所示。

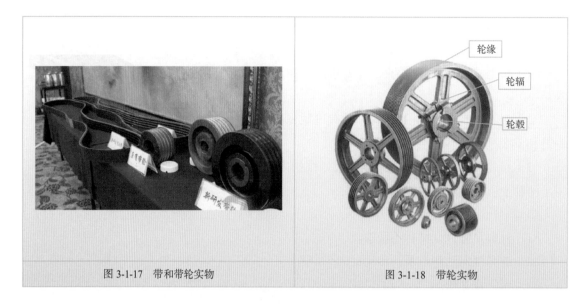

图 3-1-17 带和带轮实物　　　　图 3-1-18 带轮实物

a）实心式　　　b）腹板式　　　c）孔板式　　　d）轮辐式

图 3-1-19 带轮形式

3）带轮常用材料

带轮常用材料有灰铸铁、钢（用于传动速度较高的场合）、铝合金或工程塑料（用于小功率低速度的场合。）

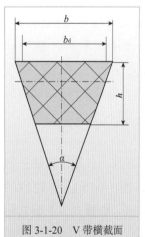

图 3-1-20 V带横截面

3.1.3 V 带的主要参数

V 带传动的类型主要有普通 V 带传动、窄 V 带传动和多楔带传动，其中以普通 V 带传动的应用更为广泛。

1）普通 V 带的横截面尺寸（图 3-1-20）

楔角 α 为 40°（带两侧面所夹的锐角），相对高度（h/b_d）为 0.7 的 V 带称为普通 V 带。

根据截面尺寸，V 带由小到大分为 Y、Z、A、B、C、D、E 七种型号。在相同条件下，横截面尺寸越大，则传递的功率就越大，如图 3-1-21 所示。

2）V 带带轮的基准直径 d_d

V 带带轮的基准直径是指带轮上与所配用 V 带的节宽 b_d 相对应处的直径，如图 3-1-22 所示。

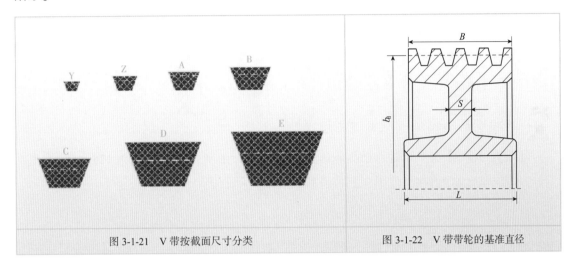

| 图 3-1-21 V带按截面尺寸分类 | 图 3-1-22 V带带轮的基准直径 |

3）V 带的标记

例如，CA6140 普通车床用的 V 带"B2240GB/T 11544"，表示为：B 型普通 V 带，基准长度 L_d=2240mm，标准编号为 GB/T 11544。

4）大小带轮上的包角 α_1、α_2

包角是带与带轮接触圆弧所对应的圆心角，如图 3-1-23 所示。包角的大小反映了带与带轮轮缘表面间接触弧的长短。包角越大，带与带轮接触弧就越长，带能传递的功率就越大；反之，带能传递的功率就越小。为了使带传动可靠，由于小带轮上的包角小于大带轮上的包角，一般要求小带轮的包角 $\alpha_1 \geqslant 120°$。

5）中心距 a

中心距是两带轮传动中心之间的距离，如图 3-1-23 所示。两轮中心距增大，小带轮上的包角增加，从而使带传动能力提高；但中心距过大，又会使整个传动尺寸不够紧

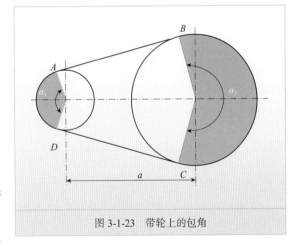

图 3-1-23　带轮上的包角

凑，在高速传动时易发生振动，反而使带的传动能力下降。

6）带传动的传动比 i

对于 V 带传动，如果不考虑带与带轮间的弹性滑动（传递动力时要尽可能避免打滑，而弹性滑动是不可避免的），其传动比计算公式可用主、从动轮的基准直径来表示。

$$i_{12}=\frac{n_1}{n_2}=\frac{d_2}{d_1}$$

式中：d_1——主动轮的直径；

d_2——从动轮的直径；

n_1——主动轮的转速；

n_2——从动轮的转速。

和聪明的小蚂蚁一起做道例题

【例题 3-1-1】某车床的电动机转速为 1440r/min，主动轮的直径 d_1 为 125mm，从动轮的转速 n_2 为 804r/min，求从动轮的直径 d_2。

解：$i_{12}=\dfrac{n_1}{n_2}=\dfrac{d_2}{d_1}=\dfrac{1440}{804}=1.79$

$d_2=d_1\times i_{12}=125\times 1.79=223.75\text{mm}$

故从动轮的直径 d_2 为 224mm。

7）带速 v

带速 v 一般取 5~25m/s。带速过慢或过快都不利于带的传动能力。带速过慢，在传递功率时，所需圆周力增大，会引起打滑；带速太快，离心力又会使带与带轮之间压紧程度降低小，传动能力降低。

8）带的根数 Z

V 带的根数 Z 影响到带的传动能力。根数多，传动功率大，所以 V 带传动中所需带的根数应按具体传动功率大小而定。但为了使各根带受力比较均匀，带的根数不宜过多，通常小于 7。

3.1.4 带传动的失效形式

1）失效形式

摩擦带传动的主要失效形式是超载打滑和疲劳撕裂，如图 3-1-24 所示。同步带传动的失效形式较复杂，有以下几种形式。

（1）正常工作条件下同步带失效形式

带运转 2~3 年后，当其芯线达到疲劳寿命时，皮带失效属于正常情况，如图 3-1-25a）所示。在长期的运转下，虽然皮带能够保持初始的大小和形状，但是皮带齿部会出现磨损，皮带帆布的外露纤维会使皮带齿部看起来粗糙，如图 3-1-25b）所示。

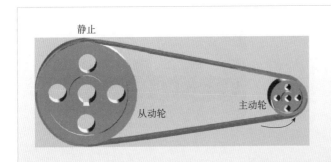

当带的有效拉力达到并超过摩擦力时，带将在带轮上剧烈滑动，使从动轮转速急剧下降或停止转动，即为打滑

图 3-1-24　带传动的打滑

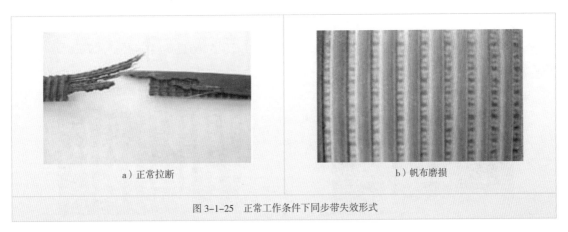

a）正常拉断　　　　　　　　b）帆布磨损

图 3-1-25　正常工作条件下同步带失效形式

折曲失效也是同步带常见的一种失效模式，通常与皮带操作不当、安装张紧力过低、带轮的直径过小和带轮里有异物等有关，如图 3-1-26 所示。

剧烈的冲击负荷可以导致皮带芯线以粗糙的不平均的形式断裂，如图 3-1-27 所示。

图 3-1-26　折曲失效　　　　　　　图 3-1-27　冲击负荷下的失效

（2）安装张力过低导致的失效

中度到高度负荷的传动系统中，张力过低导致的皮带失效模式表现为跳齿，如图 3-1-28a）所示。由于皮带的安装张力不够和不牢固的传动系统在低张力的情况下中心距变化所导致的皮带齿部过度磨损，称为钩形磨损，如图 3-1-28b）所示。

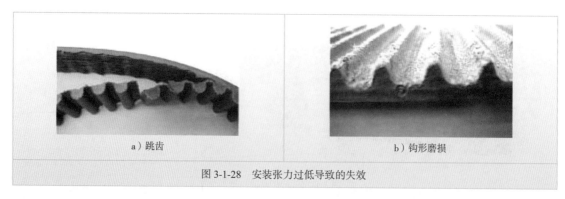

图 3-1-28 安装张力过低导致的失效

（3）安装张力过高导致的失效

该失效表现为皮带齿部剪切或断裂。图 3-1-29a）为张力过高的皮带被压过的表面区域，图 3-1-29b）为张力过高的皮带在大带轮上被磨过的痕迹。为防止这样的磨损问题出现，必须要准确设定适当的皮带安装张力值。

图 3-1-29 安装张力过高导致的失效

（4）带轮问题引起的失效

皮带在运行时，带轮轴成一定角度，或带轮齿形在加工时存在锥度问题，导致施加在皮带上的荷载不均匀，带齿之间出现不均匀的挤压。图 3-1-30a）为高纤拉力导致皮带的一边出现严重磨损。

皮带在尺寸有问题的带轮上运行时，其齿部侧面会出现高度磨损，同时皮带侧面的帆布呈模糊的绒毛状或片状，如图 3-1-30b）所示。

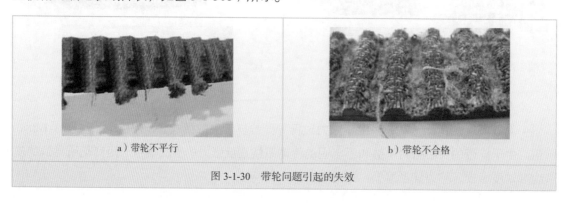

图 3-1-30 带轮问题引起的失效

2）带的松边和紧边

紧边为拉力增加的边，是进入主动带轮的边；松边为拉力减小的边，是进入从动带轮的边，如图 3-1-31 所示。

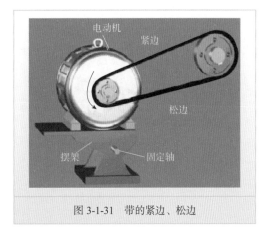

图 3-1-31 带的紧边、松边

3.1.5 带传动的张紧装置及安装

1）带传动的张紧装置

在安装带传动装置时，带是以一定的拉力紧套在带轮上的，但经过一段时间运转后，会因为塑性变形和磨损而松弛，影响正常工作。因此，需要定期检查和重新张紧，以恢复和保持必需的张力，保证带传动具有足够的传动能力。带传动的张紧主要有两种方式：调节中心距和安装张紧轮。

（1）调节中心距

调节中心距分为手动和自动两类，手动又分为移动式和摆动式两种。

手动张紧即通过手动调节两带轮中心距使带恢复必需的张紧力，如图 3-1-32~ 图 3-1-34 所示。

图 3-1-32 移动式张紧装置　　图 3-1-33 摆动式张紧装置　　图 3-1-34 摆动式张紧

自动张紧即利用托架的自重使皮带和带轮张紧，如图 3-1-35 所示。

（2）安装张紧轮

当两轮的中心距不能调整时，可采用张紧轮定期张紧。张紧轮的安装方法有：①张紧轮安装在松边内侧，靠近大带轮，如图 3-1-36 所示；②张紧轮安装在松边外侧，靠近小带轮，如图 3-1-37 所示。

2）带传动的安装与维护

（1）安装 V 带时，先将中心距缩小后套入，然后慢慢调整中心距，直至张紧。正确的检查方法：用大拇指在每条带中部施加 20N 左右的垂直压力，下沉量 15mm，如图 3-1-38 所示。

（2）安装时，主动带轮与从动带的轮槽要对正，两轮轴线要平行，如图 3-1-39 所示。

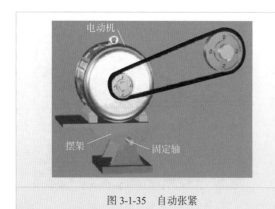

图 3-1-35 自动张紧

图 3-1-36 张紧轮安装在松边内侧

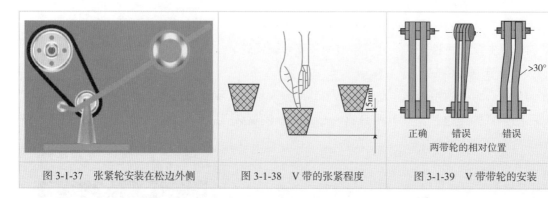

图 3-1-37 张紧轮安装在松边外侧　　图 3-1-38 V带的张紧程度　　图 3-1-39 V带带轮的安装

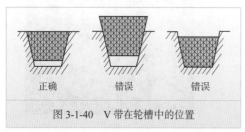

图 3-1-40 V带在轮槽中的位置

（3）新旧不同的V带不能同时使用。更换V带时，为保证相同的初拉力，应更换全部V带。

（4）V带断面在轮槽中应有正确的位置，V带外缘应与轮外缘平齐，如图3-1-40所示。

3.2 链传动

链传动（图3-2-1）是依靠两轮（至少）间以链条为中间挠性元件的啮合来传递动力和运动的，是应用较广的一种机械传动，见图3-2-2。

图 3-2-1 链传动　　　　　a）三轮车　　　　　　b）自行车

图 3-2-2 链传动的应用

3.2.1 链传动概述

1）链传动的组成

链传动由链条、主动轮和从动轮组成，如图 3-2-3 所示。此外，链传动还包括封闭装置、润滑系统和张紧装置等。

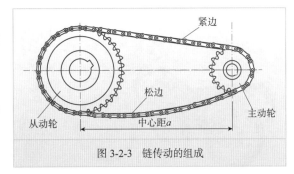

图 3-2-3 链传动的组成

2）链传动的传动比

链传动的传动比是指主动链轮的转速与从动链轮的转速之比，即：

$$i=\frac{n_1}{n_2}=\frac{z_2}{z_1}$$

式中：n_1、n_2——分别为主、从动链轮的转速（r/min）；

z_1、z_2——分别为主、从动链轮的齿数。

3）链传动的特点

优点：

（1）平均转速比 i_m 准确，无滑动。

（2）结构紧凑，轴上压力小。

（3）传动效率高，$\eta=98\%$。

（4）传动功率大，承载能力高达 100kW。

（5）适用于较远的距离传动。

（6）能在低速、重载、高温和不良环境中工作。

缺点：

（1）瞬时传动比不恒定。

（2）无过载保护作用。

（3）传动时有噪声、冲击。

（4）对安装精度要求较高。

（5）传动中磨损大，易发生脱链现象。

4）链传动的应用

适于两轴相距较远、工作条件恶劣等的场合，如农业机械、建筑机械、石油机械、采矿、起重、金属切削机床、摩托车、自行车等。中低速传动：通常链传动的传动比 $i \leq 8$，功率 $P \leq 100kW$，速度 v 为 12~15m/s，无声链最大线速度可达 40m/s（不适于冲击与急促反向等情况）。

3.2.2 链传动类型

链传动的类型很多，按用途分为传动链、输送链和起重链，见图 3-2-4。

传动链	输送链	起重链
主要用于在一般机械中传递运动和动力，如摩托车	主要用于输送物品、工件和材料，如输送机	主要用于提升物料，起到牵引、悬挂的作用，如链式提升机

图 3-2-4　链传动的类型

传动链的种类很多，最常用的有滚子链和齿形链，见图 3-2-5。

1）套筒滚子链

（1）滚子链结构

a）滚子链　　　　　　　　　　　　b）齿形链

图 3-2-5　传动链的类型

滚子链由滚子、套筒、销轴、内链板和外链板组成，见图 3-2-6 和图 3-2-7。

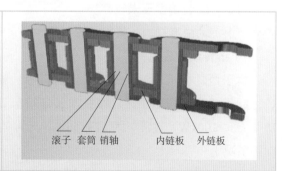

滚子　套筒　销轴　　内链板　外链板

图 3-2-6　滚子链的结构与组成

（2）滚子链的主要参数

①节距 p。滚子链上相邻两滚子中心的距离称为节距，用 p 表示。节距越大，链条各零件尺寸越大，所能传递的功率也越大，传动的振动、冲击和噪声也越严重。因此，尽可能选小节距的链，当传递大功率时，可用双排链或多排链，见图3-2-8和图3-2-9。

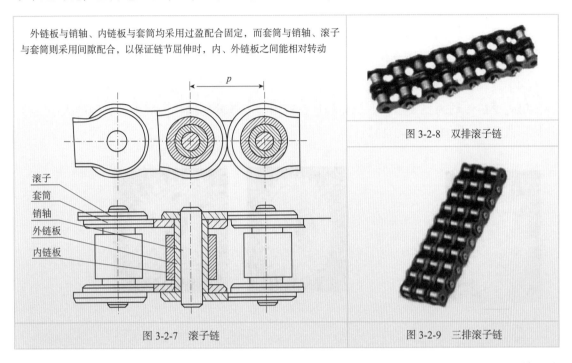

外链板与销轴、内链板与套筒均采用过盈配合固定，而套筒与销轴、滚子与套筒则采用间隙配合，以保证链节屈伸时，内、外链板之间能相对转动

滚子
套筒
销轴
外链板
内链板

图 3-2-7　滚子链

图 3-2-8　双排滚子链

图 3-2-9　三排滚子链

②节数。滚子链的长度用节数来表示。为了使链条两端便于连接，链节数应尽量选偶数。链接头处可用开口销（图3-2-10 a）或弹簧卡片（图3-2-10 b）来锁定。当链节数为奇数时，需采用过渡链节（图3-2-10 c）。由于过渡链节的链板要受附加弯矩的作用，所以一般情况下最好不用奇数链节。

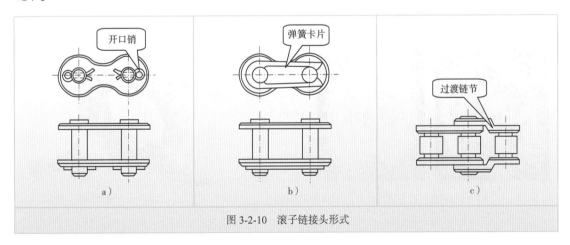

开口销

弹簧卡片

过渡链节

a）

b）

c）

图 3-2-10　滚子链接头形式

（3）滚子链的标记

滚子链是标准件，标注方法为：链号－排数 × 整链链节数—标准编号。

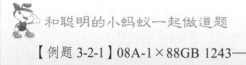

和聪明的小蚂蚁一起做道题

【例题 3-2-1】08A-1×88GB 1243—
2006 各部分内容分别有什么含义？

（4）链轮的结构形式

链轮是链传动的主要零件，链轮齿形已标准化。链轮的结构一般由其直径的大小决定。
具体形式见图 3-2-11~ 图 3-2-13。

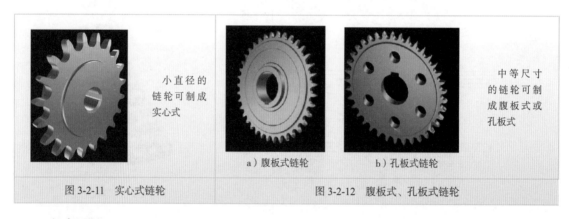

小直径的
链轮可制成
实心式

中等尺寸
的链轮可制
成腹板式或
孔板式

a）腹板式链轮　　　b）孔板式链轮

图 3-2-11　实心式链轮　　　图 3-2-12　腹板式、孔板式链轮

2）齿形链

齿形链又称无声链，它是由一组带有两个齿的链板左右交错并列铰接而成的，如图 3-2-14、
图 3-2-15 所示。与滚子链相比，齿形链传动平衡、无噪声、承受冲击性能好、工作可靠。齿
形链既适于高速传动，又适于传动比大和中心距较小的场合，其传动效率一般为 0.95~0.98，
润滑良好的传动，其传动效率可达 0.98~0.99。

大直径的
链轮，常采
用可更换的
齿圈通过螺
栓连接在轮
芯上的结构，
也可采用轮
辐式结构

a）轮辐式链轮　　　b）齿圈式链轮

图 3-2-13　轮辐式、齿圈式链轮　　　图 3-2-14　齿形链

齿形链比滚子链结构复杂，价格较高，且制造较难，故多用于高速或运动精度要求较高
的传动装置中。齿形链导板见图 3-2-15。

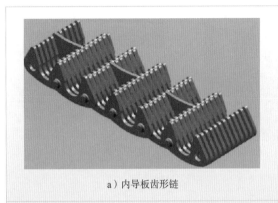

| a）内导板齿形链 | b）外导板齿形链 |

图 3-2-15　齿形链导板

3）链传动的失效形式

由于链条强度不如链轮高，所以一般链传动的失效主要是链条的失效。链传动的失效形式主要有以下几种。

（1）链的疲劳破坏

链传动中，由于松边和紧边的拉力不同，使得链条所受的拉力是变应力，当应力达到一定数值时，经过一定的循环次数后，链板、滚子、套筒等组件就会发生疲劳破坏如图 3-2-16 所示。

（2）铰链的磨损

当链节绕上链轮时，销轴与套筒之间产生相对滑动，在不能保证充分润滑的条件下，将引起铰链的磨损。磨损导致链轮节距增加，链与链轮的啮合点外移，最终将产生跳齿或脱链而使传动失效。铰链磨损是开式链传动的主要失效形式，会降低链条的使用寿命。

（3）铰链的胶合

润滑不当或速度过高时，销轴和套筒之间的润滑油膜受到破坏，使套筒与销轴间发生金属直接接触而产生很大的摩擦力，其产生的热量导致套筒与销轴胶合。胶合限定了链传动的极限转速。

> 疲劳破坏是闭式链传动的主要失效形式。在正常润滑条件下，疲劳破坏常是限定链传动承载能力的主要因素

图 3-2-16　链板疲劳破坏

（4）滚子冲击破坏

受重复冲击荷载或反复起动、制动和反转时，滚子套筒和销轴可能在疲劳破坏之前发生冲击断裂，如图 3-2-17 所示。

（5）链条静力拉断

在低速重载的传动中，或链突然承受很大的过载时，链条静力拉断，承载能力受到链元件的静拉力强度的限制。这种拉断常发生于低速重载或严重过载的传动中，如图 3-2-18 所示。

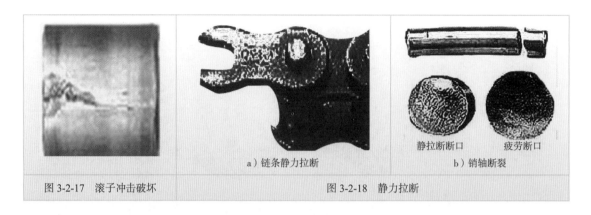

图 3-2-17　滚子冲击破坏　　　　　　　　　　图 3-2-18　静力拉断

a）链条静力拉断　　　　　　　　b）销轴断裂

3.2.3　链传动的布置、张紧及润滑

1）链传动的布置

链传动的布置按两轮中心连线的位置可分为水平布置、垂直布置和倾斜布置三种，如图 3-2-19 所示。

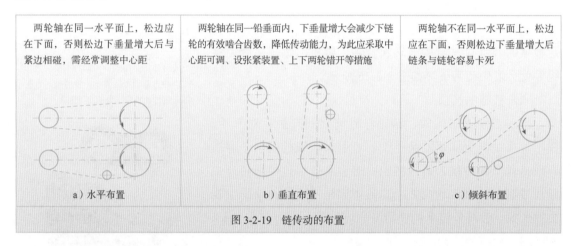

| 两轮轴在同一水平面上，松边应在下面，否则松边下垂量增大后与紧边相碰，需经常调整中心距 | 两轮轴在同一铅垂面内，下垂量增大会减少下链轮的有效啮合齿数，降低传动能力，为此应采取中心距可调、设张紧装置、上下两轮错开等措施 | 两轮轴不在同一水平面上，松边应在下面，否则松边下垂量增大后链条与链轮容易卡死 |

a）水平布置　　　　　　　　b）垂直布置　　　　　　　　c）倾斜布置

图 3-2-19　链传动的布置

2）链传动的张紧

链传动中如松边垂度过大，将引起啮合不良和链条振动现象，因此必要的情况下要设置张紧装置。常用的张紧装置如图 3-2-20 所示。

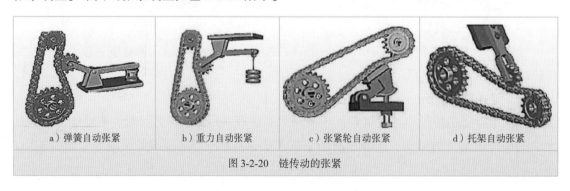

a）弹簧自动张紧　　　b）重力自动张紧　　　c）张紧轮自动张紧　　　d）托架自动张紧

图 3-2-20　链传动的张紧

3）链传动的润滑

链传动的润滑有利于缓和冲击、减小摩擦、降低磨损和帮助散热。良好的润滑是链传动正常工作的重要条件。常用的润滑装置如图 3-2-21 所示。润滑油应加于松边，以便于其渗入。

人工润滑
是用刷子或油壶定期在链条松边内、外链板间隙注油

滴油润滑
是用装有简单外壳的油杯滴油，可根据链速调节供油量

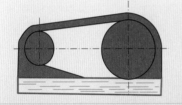

油浴润滑
是链条从油槽中通过而实现供油。浸油深度为 6~12mm，适用于闭式传动

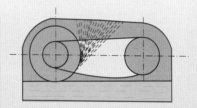

飞溅润滑
是在链轮侧边安装甩油盘而实现飞溅供油，适用于闭式传动

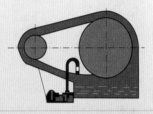

压力供油
是由油泵强制供油，循环油可起到冷却作用，适用于闭式传动

图 3-2-21　常用的润滑装置

拓展阅读

上油的宗旨是"过犹不及"

有些人的车链条、飞轮都是油汪汪、黏糊糊的，这是上油多了的表现。这样的车子在骑行的时候非常容易粘灰，长时间骑行下来更脏，而粘在链条和飞轮上的沙子会和车子转动一起参加磨合，大大增加自行车行走系统的磨损速度，飞轮的齿和前齿盘的齿会加快磨损，导致骑行大力的情况下严重跳齿。

上油的境界是"干飞湿链"

缺油的情况是指链条骑行起来悉悉索索响，甚至上面锈迹斑斑，这意味

着需要上油。上油时只能向链条上油，其他地方不要上油。好的上油，只保证链条活动的关节之间有油，其他地方都没有油露在外面，让人看不出来上过油，而不是油汪汪的并在上过油之后用抹布擦拭一下露在外面的油。

3.3 齿轮传动

齿轮传动是应用最广泛的机械传动。早在公元前 400~200 年的中国古代就已经开始使用齿轮，我国山西出土的青铜齿轮是迄今已发现的最古老的齿轮。历史上，齿轮的应用见图 3-3-1。

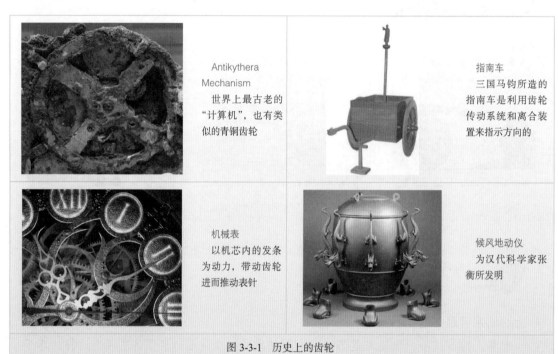

Antikythera
Mechanism
世界上最古老的"计算机"，也有类似的青铜齿轮

指南车
三国马钧所造的指南车是利用齿轮传动系统和离合装置来指示方向的

机械表
以机芯内的发条为动力，带动齿轮进而推动表针

候风地动仪
为汉代科学家张衡所发明

图 3-3-1　历史上的齿轮

在现代的汽车、航空、机床及电动工具制造业中，齿轮传动得到了广泛应用，见图 3-3-2。

a）汽车　　　　　　b）飞机　　　　　　c）卧式车床

图 3-3-2　齿轮的现代应用

3.3.1 齿轮传动的定义

齿轮传动，即靠一对齿轮的轮齿依次相互啮合传递运动和动力，见图 3-3-3。

图 3-3-3 齿轮传动

3.3.2 齿轮传动的特点

1）优点

（1）传动比恒定，如在变速箱、减速器等中的广泛应用，见图 3-3-4。

（2）适用范围广，如在汽车、飞机、机床及电动工具制造业中的广泛应用，见图 3-3-5。

图 3-3-4 二级斜齿圆柱齿轮减速器

图 3-3-5 汽车后轮中的传动机构

（3）传动效率高，如各类机床主轴箱，见图 3-3-6。

（4）寿命长、工作可靠、结构紧凑，如汽车变速箱中齿轮较少修配，见图 3-3-7。

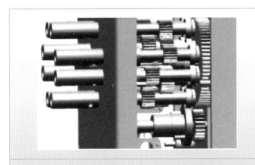

图 3-3-6 某组合机床主轴箱齿轮传动系统

图 3-3-7 汽车变速箱齿轮传动系统

2）缺点

（1）制造安装精度要求高，如机床、变速器等，制造、安装齿轮时要特别注意此关键点，见图 3-3-8、图 3-3-9。

（2）一对齿轮传动不适用于远距离传递。

（3）成本高。

（4）不同于带传动，过载时齿轮传动无过载保护。图 3-3-10 为齿轮失效形式之一。

| 图 3-3-8 车床主轴箱内齿轮 | 图 3-3-9 减速器内齿轮 | 图 3-3-10 轮齿折断 |

3.3.3 齿轮传动的类型

1）按轴线位置分（图 3-3-11）

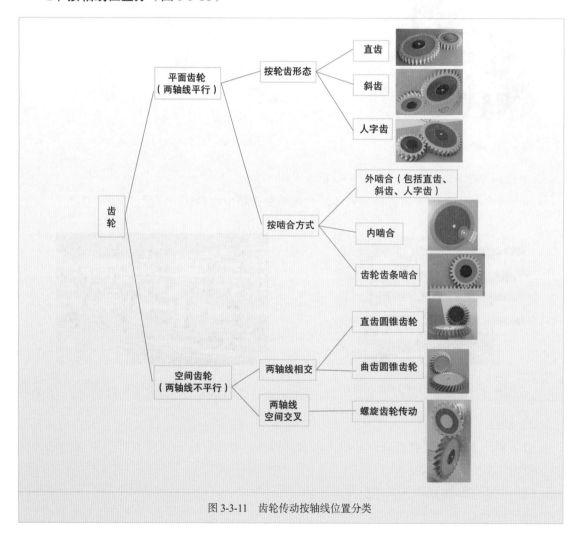

图 3-3-11 齿轮传动按轴线位置分类

2）按齿廓曲线形状分

按齿廓曲线形状，分为渐开线齿轮传动、摆线齿轮传动、圆弧齿轮传动，如图 3-3-12 所示。

渐开线齿轮传动

最为常见，广泛应用于汽车、机床等

摆线齿轮传动

齿面间接触应力较小，耐磨性好，无根切现象，但制造精度要求高，对中心距误差十分敏感，仅用于钟表及仪表中

圆弧齿轮传动

承载能力高，易形成油膜，无根切现象，齿面磨损均匀，跑合性能好，但对中心距、切齿深等误差敏感性很大，故制造和安装精度要求高，用于某些重型机械中

a）渐开线齿轮传动

b）摆线齿轮传动

c）圆弧齿轮传动

图 3-3-12　齿轮传动按齿廓曲线形状分类

3）按工作条件分

按工作条件，分为开式传动（图 3-3-13）、半开式传动（图 3-3-14）、闭式传动（图 3-3-15）。

开式传动

齿轮外露于空气中，不能保持良好润滑。工作条件不好，轮齿也容易磨损，故只宜用于低速传动（如农业机械、建筑机械以及简易的机械设备，没有防尘罩或机壳，齿轮完全暴露在外面）

半开式传动

当齿轮传动装有简单的防护罩时，有时会把大齿轮部分浸入油池

图 3-3-14　车床挂轮箱

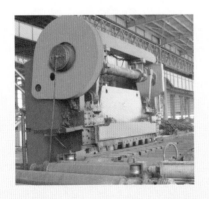

闭式传动

齿轮装在经过精确加工而且封闭严密的箱体内，润滑及防护等条件最好，多用于汽车、机床、航空发动机等重要的场合

图 3-3-13　Q11 系列机械剪板机

图 3-3-15　车床主轴箱

4）按齿面硬度分

齿轮传动分为软齿面齿轮传动和硬齿面齿轮传动。一对啮合齿轮的齿面硬度均大于350HBS，称为硬齿面齿轮；否则，即称为软齿面齿轮。

3.3.4 渐开线齿轮各部分的名称及标准直齿圆柱齿轮尺寸计算

将一段系有铅笔的线缠在圆柱筒的外周，将线绷紧，拉着铅笔将线慢慢展开，铅笔所画的曲线就是一根渐开线（图3-3-16）。

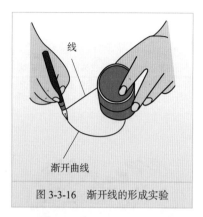

图 3-3-16 渐开线的形成实验

看"图"学概念

如图3-3-17所示，直线 KN 与圆 O 相切，N 为切点，K 为直线上任意点，直线 KN 称为发生线。

当直线 KN 在基圆上做纯滚动时，K 所走出的轨迹称为渐开线。

这个圆称为基圆，其半径为 r_b。

α_K 为渐开线上 K 点的法线与该点速度方向所夹的锐角，称为 K 点的压力角。渐开线上各点处压力角不等，r_K 越大，其压力角越大；反之越小。基圆上的压力角为零。θ_K 为展角。如图3-3-17所示。

两条反向的渐开线构成渐开线齿轮的齿廓，见图3-3-18。

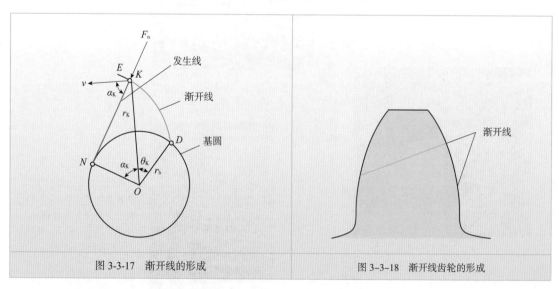

图 3-3-17 渐开线的形成   图 3-3-18 渐开线齿轮的形成

1）渐开线齿轮各部分名称及符号

渐开线齿轮各部分名称及符号如图3-3-19、表3-3-1所示。

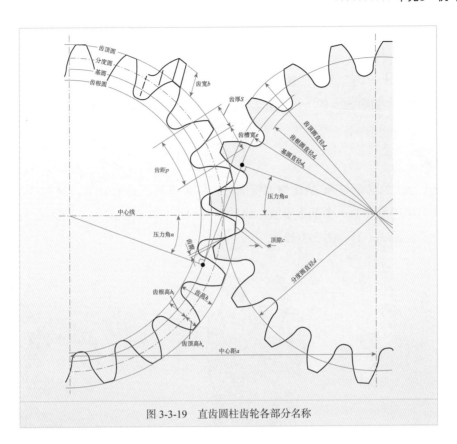

图 3-3-19 直齿圆柱齿轮各部分名称

 看看勤劳的小蚂蚁的总结吧

标准直齿圆柱齿轮各部分的名称和符号　　　　　　表 3-3-1

名　　称	符　　号	定　　义
齿顶圆直径	d_a	齿顶所在的圆，称为齿顶圆
齿根圆直径	d_f	齿槽底部所在的圆，称为齿根圆
分度圆直径	d	在齿顶圆与齿根圆之间取一个假想圆，作为齿轮尺寸计算、制造、测量的基准，称为分度圆。标准齿轮分度圆上的齿厚 = 齿槽宽
齿厚	S	分度圆上同一个轮齿上两侧齿廓间的弧长称为该齿轮的齿厚
齿槽宽	e	分度圆上同一个齿槽上两侧齿廓间的弧长称为该齿轮的齿槽宽
齿距	p	分度圆上相邻两齿同侧齿廓之间的弧长，称为该圆齿距，$p=S+e$
齿顶高	h_a	齿顶圆与分度圆之间的径向距离，称为齿顶高
齿根高	h_f	齿根圆与分度圆之间的径向距离，称为齿根高
齿高	h	齿顶圆与齿根圆之间的径向距离，称为齿高，$h=h_a+h_f$
顶隙	c	一个齿轮的齿根与配对的另一个齿轮的齿顶在连心线上的径向距离，称为顶隙
齿宽	b	齿轮的有齿部位沿分度圆柱面的直母线方向度量的宽度，称为齿宽

2）直齿圆柱齿轮的基本参数

（1）齿数 z

齿轮整个圆周上，均匀分布的轮齿总数，称为齿数，如图 3-3-20 所示，$z=10$。

对于齿数为 z、齿距为 p 的一个齿轮，则分度圆周长为 πd，即 $\pi d = zp$，所以：

$$d = \frac{pz}{\pi}$$

（2）模数 m

规定分度圆上的齿距与 π 的比值为标准值，称为模数，即 $m = p/\pi$。模数的单位是 mm。模数 m 是决定齿轮尺寸的一个基本参数。齿数相同的齿轮，模数越大，几何尺寸越大，承载能力也越大。见图 3-3-21、图 3-3-22。

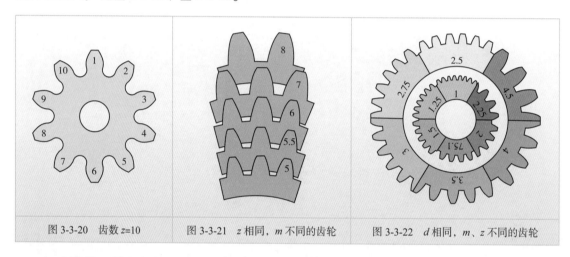

图 3-3-20　齿数 $z=10$　　　　图 3-3-21　z 相同，m 不同的齿轮　　　　图 3-3-22　d 相同，m、z 不同的齿轮

标准模数系列表见表 3-3-2。

标准模数系列表　　　　　　　　　　　　　　　　表 3-3-2

第一系列	1	1.25	1.5	2	2.5	3	4	5	6	8	10	12	16	20	25	32	40	50
第二系列	1.75	2.25	2.75	（3.25）	3.5	（3.75）	4.5	5.5	（6.5）	7	9	（11）	14	18	22	28	（30）	36	45

注：1. 选用模数时，应优先采用第一系列，其次是第二系列，括号内的模数尽可能不用。

　　2. 本表选自《通用机械和重型机械用圆柱齿轮　模数》（GB/T 1357—2008）

　和聪明的小蚂蚁一起做道题

【例题 3-3-1】模数 m 是 2mm 的齿轮，求齿距 p。

解：$p = \pi m = 3.14 \times 2 = 6.28$mm

（3）压力角 α

齿轮的压力角 α 指渐开线齿廓在分度圆上的压力角。图 3-3-23 中分度圆上压力角 α 为标准值。我国：$\alpha=20°$，国外：$\alpha=14.5°$ 或 $\alpha=15°$。

（4）齿顶高系数 h_a^*

定义 $$h_a=h_a^* m$$

（5）顶隙系数 c^*

定义 $$c=c^* m$$

（6）齿根高 h_f

定义 $$h_f=h_a+c=(h_a^*+c^*)m$$

注意：正常齿的齿顶高系数 $h_a^*=1$，顶隙系数 $c^*=0.25$；短齿的齿顶高系数 $h_a^*=0.8$，顶隙系数 $c^*=0.3$。

3）标准直齿圆柱齿轮的尺寸计算（图3-3-24）

正常齿：齿顶高 $h_a=h_a^* m=m$

顶隙 $c=c^* m=0.25m$

齿根高 $h_f=h_a+c=m+0.25m=1.25m$

全齿高 $h=h_a+h_f=m+1.25m=2.25m$

分度圆直径 $d=mz$

齿顶圆直径 $d_a=d+2h_a=(z+2h_a^*)m=(z+2)m$

齿跟圆直径 $d_f=d-2h_f=(z-2h_a^*-2c^*)m=(z-2.5)m$

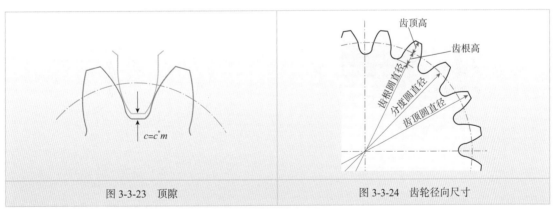

图3-3-23 顶隙	图3-3-24 齿轮径向尺寸

 和聪明的小蚂蚁一起做两道题

【例题3-3-2】试计算模数是3mm的正常齿齿轮的齿顶高 h_a、齿根高 h_f 和齿高 h。

解：$h_a=h_a^* m=m=3mm$

$h_f=(h_a^*+c^*)m=1.25m=1.25×3=3.75mm$

$h=h_a+h_f=3+3.75=6.75mm$

【例题3-3-3】试计算模数 $m=3$mm，齿数 $z=19$ 的标准直齿圆柱齿轮的分度圆直径 d、齿顶圆直径 d_a、齿根圆直径 d_f。

解：$d=mz=3\times19=57$mm

$$d_a=(z+2)m=(19+2)\times3=63\text{mm}$$

$$d_f=(z-2.5)m=(19-2.5)\times3=49.5\text{mm}$$

4）一对齿轮啮合

（1）渐开线齿轮正确啮合条件

主动轮和从动轮的模数相同，压力角也相同，即 $m_1=m_2=m$，$\alpha_1=\alpha_2=\alpha$。

（2）齿轮传动的传动比（图3-3-25）

$$i_{12}=\frac{n_1}{n_2}=\frac{z_2}{z_1}$$

式中：n_1、n_2——主、从动齿轮的转速；

z_1、z_2——主、从动齿轮的齿数。

（3）直齿圆柱齿轮传动的标准中心距（图3-3-26）

$$a=\frac{1}{2}\times(d_1+d_2)=\frac{1}{2}\times m(z_1+z_2)$$

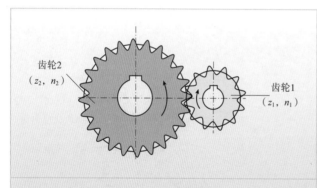

图3-3-25 齿轮传动比

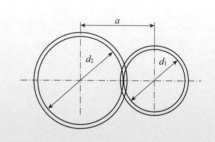

图3-3-26 直齿圆柱齿轮传动标准中心距

 和聪明的小蚂蚁一起做道题

【例题3-3-4】试计算模数 $m=2$mm，小齿轮齿数 $z_1=20$，大齿轮齿数 $z_2=40$ 的圆柱齿轮传动的标准中心距 a 和传动比 i_{12}。

解：$a=(z_1+z_2)m/2=(20+40)\times2/2=60$mm

$i_{12}=n_2/n_1=z_2/z_1=40/20=2$

看看勤劳小蚂蚁的总结

总结见表3-3-3左侧内容。

和聪明的小蚂蚁一起做道题

解答结果见表3-3-3右侧内容。

表3-3-3

项　　目	符　　号	计　算　公　式	小　齿　轮	大　齿　轮
模数	m		2	
压力角	α		20°	
齿数	z		20	30
齿距	p	$p=S+e,\ p=\pi m$	6.28	6.28
齿厚	S	$S=e=p/2=\pi m/2$	3.14	3.14
齿槽宽	e		3.14	3.14
齿顶高	h_a	$h_a=m$	2	2
齿根高	h_f	$h_f=1.25m$	2.5	2.5
齿高	h	$h=h_a+h_f=2.25m$	4.5	4.5
分度圆	d	$d=mz$	40	60
齿顶圆	d_a	$d_a=d+2h_a=(z+2)m$	44	64
齿根圆	d_f	$d_f=d-2h_f=(z-2.5)m$	35	55
中心距	a	$a=(z_1+z_2)m/2$	50	

现在请同学自己试一试，把结果填入表3-3-4中。

表3-3-4

项　　目	符　　号	计　算　公　式	小　齿　轮	大　齿　轮
模数	m		4	
压力角	α		40°	
齿数	z		40	60
齿距	p	$p=S+e,\ p=\pi m$		
齿厚	S	$S=e=p/2=\pi m/2$		
齿槽宽	e			
齿顶高	h_a	$h_a=m$		
齿根高	h_f	$h_f=1.25m$		
齿高	h	$h=h_a+h_f=2.25m$		
分度圆	d	$d=mz$		
齿顶圆	d_a	$d_a=d+2h_a=(z+2)m$		
齿根圆	d_f	$d_f=d-2h_f=(z-2.5)m$		
中心距	a	$a=(z_1+z_2)m/2$		

3.3.5 渐开线齿轮的切削加工、根切现象与变位齿轮

1）渐开线齿轮的切削加工方法

渐开线齿轮的切削加工方法主要有仿形法和范成法。

（1）仿形法

①仿形法的加工原理。仿形法（又称成形法）是指在铣床上用轴向剖面与被切齿轮齿槽形状相同的成形刀具铣削出齿轮齿形的加工方法，如图 3-3-27 所示。

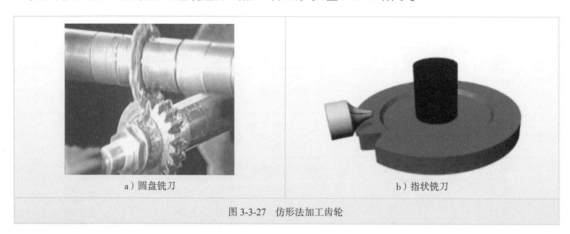

| a）圆盘铣刀 | b）指状铣刀 |

图 3-3-27　仿形法加工齿轮

②特点。

优点：可以在普通铣床（图 3-3-28）上进行，不需要专用机床，单件生产方便。

缺点：精度低（存在分度误差、分组误差），生产效率低（铣削→分度→再铣削→再分度），见图 3-3-29。

③应用：修配和小批量生产且对齿轮精度要求较低（一般为 9 级）。

分度误差产生原因：每铣完一齿后，需要将毛坯转 $360°/z$（图 3-3-30）。

图 3-3-28　卧式铣床　　　　图 3-3-29　工人靠分度头等分齿数　　　　图 3-3-30　分度误差产生原因

分组误差产生原因：当 m 为定值时，不同齿数的齿轮渐开线齿廓的形状不同，每一齿数的齿轮需要一把相应的铣刀才能切制出完全准确的齿形，这显然是很不经济也无法做到的。故在生产实际中，加工 m 相同的齿轮，根据不同的齿数范围，一般只备有 1~8 号八把

齿轮铣刀，各号铣刀加工齿轮的齿数范围见表3-3-5。每一号铣刀的齿形是按所加工一组齿轮中齿数最少的齿轮齿形制成的，故用此铣刀加工同组其他齿数的齿轮时，其齿形有误差（图3-3-31）。

铣刀号对应加工齿数范围 　　　　　　　　　　　　　　　　表3-3-5

铣刀号	1	2	3	4	5	6	7	8
齿数范围	12~13	14~16	17~20	21~25	26~34	35~54	55~134	≥135

（2）范成法（又称展成法）

①范成法的啮合原理。一对齿轮相啮合，任意时刻在啮合点相切，若将一个做成刀具，另一个为毛坯，则刀具切去多余部分。由于一对渐开线直齿圆柱齿轮的正确啮合条件为 $m_1=m_2=m$，$\alpha_1=\alpha_2=\alpha$，加工模数和压力角相同而齿数不同的齿轮，可以用同一把刀具加工，并且都精确。

插齿加工：利用盘形插齿刀在插齿机上恒定加工齿轮，插刀与齿胚以恒定传动比做范成运动，同时适用于批量生产（图3-3-32）。

图3-3-31　模数为3.5的1号和3号铣刀　　　　　图3-3-32　插齿

滚齿加工：加工滚刀除旋转移动之外，还沿齿胚轴线方向做上下运动和径向运动（图3-3-33）。

②特点。

优点：效率高，可连续加工，适合于批量生产，刀具少，一个 m 一种刀具，精度高（一般可达7、8级），无分度误差、分组误差，见图3-3-34。

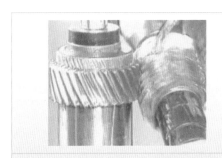

图3-3-33　滚齿　　　　　　　　　图3-3-34　高精度齿轮

缺点：需要专用机床，见图3-3-35。

2）根切现象、最小齿数、变位齿轮

（1）根切现象

用范成法加工标准齿轮时，如果被加工的齿轮齿数太少，则切削刀具的齿顶就会将轮胚齿根部的渐开线齿廓切去一部分的现象，见图 3-3-36。

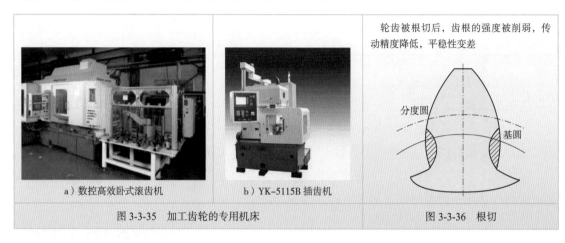

a）数控高效卧式滚齿机　　b）YK-5115B 插齿机

图 3-3-35　加工齿轮的专用机床

轮齿被根切后，齿根的强度被削弱，传动精度降低，平稳性变差

图 3-3-36　根切

（2）最小齿数

正常齿渐开线标准直齿圆柱齿轮不发生根切的条件是齿数不小于 17，即 $z_{min} \geqslant 17$。

当 z 小于 17，又不允许发生根切时，对标准齿轮进行变位修正——采用变位齿轮，见图 3-3-37。

（3）变位齿轮

加工齿轮时，调整刀具与齿轮毛坯的中心距，可以避免根切，如图 3-3-38 所示。

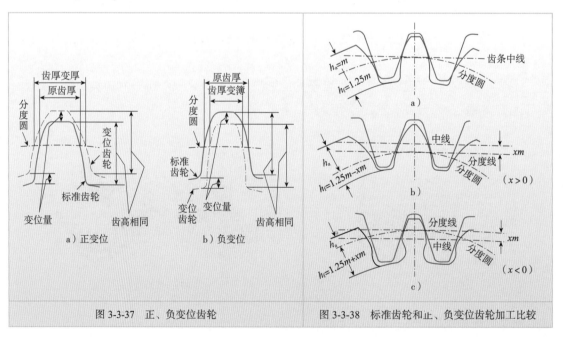

a）正变位　　b）负变位

图 3-3-37　正、负变位齿轮

图 3-3-38　标准齿轮和正、负变位齿轮加工比较

加工正变位齿轮：刀具远离齿胚中心，实际中心距 a' ＞标准中心距 a 时，加工出正变位齿轮，分度圆齿厚 S 大于齿槽宽 e，齿变厚。

加工负变位齿轮：刀具靠近齿胚中心，实际中心距 a' ＜标准中心距 a 时，加工出负变位齿轮，分度圆齿厚 S 小于齿槽宽 e，齿变薄。

3.3.6 齿轮轮齿的失效形式

齿轮轮齿的失效形式包括齿面磨损、齿面点蚀、齿面胶合、轮齿折断、齿面塑性变形。其中齿面磨损多发生在开式传动中。

1）齿面磨损

（1）现象

齿面磨损包括跑合性磨损（图3-3-39a）和磨粒性磨损（图3-3-39b）。齿面严重磨损见图3-3-40。

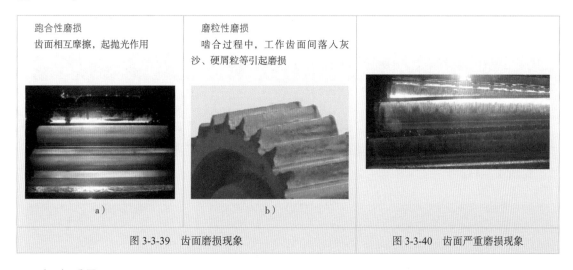

图 3-3-39 齿面磨损现象   图 3-3-40 齿面严重磨损现象

（2）后果

齿面磨损是开式传动中最主要的失效形式。齿廓表面失去准确渐开线形状，齿侧间隙加大，传动不平稳，同时齿厚减薄，抗弯性下降，甚至折断。

（3）有效防止措施

①对开式传动适当增大模数。

②提高齿面硬度，降低表面粗糙度。

③改善润滑条件及工作环境。

2）齿面点蚀

（1）现象

在齿面的节线附近，靠近齿根处，金属微粒脱落，出现小坑，见图3-3-41。齿面点蚀有图3-3-42示几种类型。

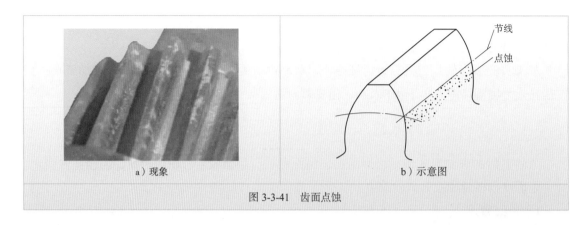

a）现象   b）示意图

图 3-3-41　齿面点蚀

a）局限性点蚀   b）扩展性点蚀   c）片蚀

图 3-3-42　齿面点蚀的类型

（2）原因

节线处接触应力大，齿面多次受到交变接触应力作用，产生疲劳裂纹；润滑油进入裂纹，形成封闭高压油腔，产生楔体作用，使裂纹扩展；裂纹扩展，金属微粒脱落，出现小坑。见图 3-3-43。

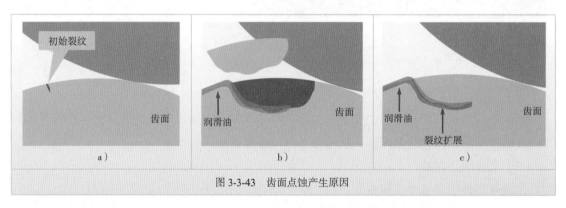

a）   b）   c）

图 3-3-43　齿面点蚀产生原因

（3）后果

齿面点蚀是闭式软齿面齿轮传动中最主要的失效形式。齿廓表面被破坏，振动增强，平稳性下降，噪声增大，承载力下降，传动失效。

（4）有效防止措施

①采用合适的材料和齿面硬度。

②降低表面粗糙度。

③提高油黏性。

3）齿面胶合

（1）现象

高速重载时，金属从齿面撕脱，引起严重的黏着磨损现象，形成深度、宽度各不相等的条状粗糙沟纹，见图3-3-44。

| a） | b） |

图 3-3-44　齿面胶合现象

（2）原因

高速重载时，摩擦热大，温度急剧上升，油黏性减小，油膜破坏，金属表面直接接触，致使温度急剧增大，表面金属融化，较软金属被撕脱，粘到较硬金属上。

（3）后果

引起剧烈干摩擦，发热，造成齿轮报废。

（4）有效防止措施

①采用黏度较大或抗胶合能力好的润滑油（图3-3-45）。

②选择不同的材料使两齿轮不易胶合。

③提高齿面硬度，降低表面粗糙度。

4）轮齿折断

（1）现象

局部折断：斜齿和直齿的齿宽大。整体折断：直齿的齿宽小。见图3-3-46、图3-3-47。

图 3-3-45　使用润滑油可降低齿面胶合　　　　图 3-3-46　轮齿折断现象

（2）原因

弯曲疲劳折断：多次受弯曲疲劳应力作用，齿危险截面处产生疲劳裂纹，应力集中，裂纹扩展，轮齿折断。

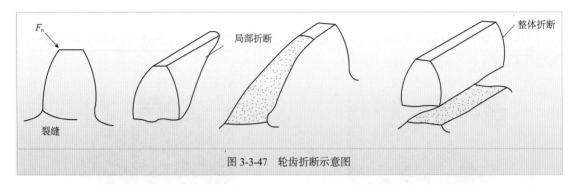

图 3-3-47　轮齿折断示意图

过载折断：受过大冲击荷载或短时过载作用，轮齿忽然折断，见图 3-3-48。

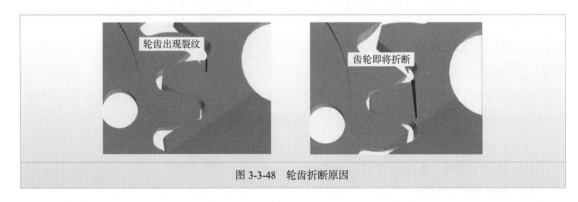

图 3-3-48　轮齿折断原因

（3）后果

轮齿折断是硬齿面闭式传动时轮齿失效的主要形式。断齿多突然发生，造成传动失效，机器无法工作，甚至导致重大事故发生。

（4）有效防止措施

①选择合适的模数和齿宽。

②采用合适的材料和热处理方式。

③减少齿根应力集中，增大齿根过渡圆角，提高齿轮刚度。

④降低表面粗糙度。

5）齿面塑性变形

（1）现象

低速、过载，在启动频繁传动中，若轮齿的材料较软，则可能发生塑性流动，见图 3-3-49、图 3-3-50。

（2）原因

主动齿轮齿面摩擦力背离节线方向，齿面产生凹沟，从动齿轮齿面摩擦力指向节线方向，齿面产

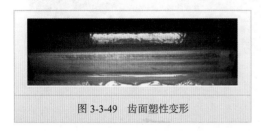

图 3-3-49　齿面塑性变形

生凸棱，见图 3-3-51。

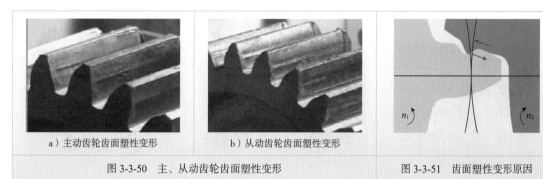

a）主动齿轮齿面塑性变形　　b）从动齿轮齿面塑性变形

图 3-3-50　主、从动齿轮齿面塑性变形　　图 3-3-51　齿面塑性变形原因

（3）有效防止措施

①提高齿面硬度。

②采用黏性较高的润滑油。

3.3.7　齿轮常用材料和结构

1）要求

强度大，齿面硬，韧性大。

2）材料及应用

（1）锻钢

图 3-3-52　圆钢、方钢毛坯

一般都用锻钢制造 $d_a \leqslant 500mm$ 的齿轮，常用的是含碳量在（0.15%~0.6% 的碳钢或合金钢，如 45 钢（优质碳素钢）、A5（普通碳素钢），见图 3-3-52。

加工钢制软齿面（硬度 ≤ 350HBS）齿轮：应将齿轮毛坯经过正火或调质处理后切齿，切制后即为成品。其精度一般为 8 级，精切时可达 7 级。这类齿轮制造简便、经济、生产效率高，应用于强度、速度及精度都要求不高的一般机械传动，见图 3-3-53。

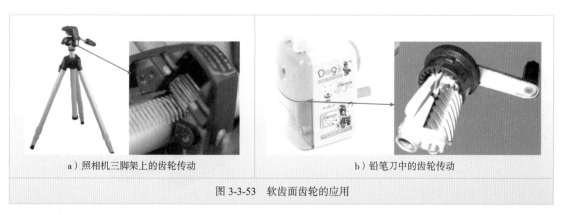

a）照相机三脚架上的齿轮传动　　　　b）铅笔刀中的齿轮传动

图 3-3-53　软齿面齿轮的应用

加工钢制硬齿面（硬度 >350HBS）齿轮：切齿后进行热处理（淬火、表面淬火、渗碳、

氮化、软氮化及氰化等），最后进行精加工，精度可达 5 级或 4 级。这类齿轮精度高，价格较贵，用于高速、重载及精密机器（如精密机床、航空发动机）等，见图 3-3-54。

a）双驱自行车前轮驱动装置　　　　　　　　b）精密机床上的齿轮

图 3-3-54　硬齿面齿轮的应用

（2）铸钢

铸钢常用于制造 $d_a>500mm$ 的齿轮。轮坯不宜锻造，可采用铸钢。铸钢轮坯在切削加工以前，一般要进行正火处理，以消除铸件残余应力和硬度的不均匀，以便切削，如 ZG45，见图 3-3-55。

（3）铸铁

灰铸铁齿轮常用于工作平稳、速度较低、功率不大的机械中，如 HT25-47，见图 3-3-56。开式传动中常采用铸铁齿轮，闭式传动中可用球墨铸铁代替铸钢。

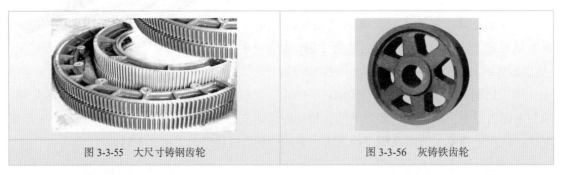

图 3-3-55　大尺寸铸钢齿轮　　　　　　　　图 3-3-56　灰铸铁齿轮

（4）非金属材料

尼龙或塑料齿轮能减少高速齿轮传动的噪声，适用于高速、小功率及精度要求不高的齿轮传动，见图 3-3-57、图 3-3-58。

3）齿轮结构

齿轮结构如图 3-3-59 所示。

3.3.8　齿轮的精度

根据齿轮的使用要求，选择齿轮传动精度时应

图 3-3-57　塑料棒材

考虑以下四个方面的要求。

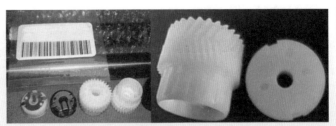

a）钟表中带动时针、分针、秒针转动的齿轮   b）打印机、复印机中的齿轮

图 3-3-58　非金属材料的应用

齿轮轴

当齿轮的齿顶圆直径 d_a 小于 2 倍轴孔直径，或齿顶圆至键槽底部的距离小于 2~2.5m 时，齿轮和轴制成一体的

实体齿轮

$d_a \leqslant 200mm$，齿轮和轴分别制造

腹板式齿轮

$d_a = 200 \sim 500mm$

轮辐式齿轮

$d_a = 500 \sim 1000mm$

图 3-3-59　齿轮结构

1）传递运动准确性要求

齿轮在传动过程中，当主动轮转过一定角度时，从动轮应按照传动比精确地转过相应的角度。但由于制造误差，从动轮实际转过的角度和这个理论转角一定存在误差。所以，要求齿轮每转一转时，转角最大误差的绝对值不得超过规定的范围，见图 3-3-60。

2）工作平稳性要求

齿轮在传动过程中，应尽量减小振动、冲击和噪声，但是由于齿形及齿距的制造误差，致使瞬时传动比不能保持常数，工作不平稳。因此，齿轮工作的平稳性，是指规定其瞬时传动比的变化在一定范围内。例如摩托车变速器，传动平稳性要求就是其要考虑的首要问题，见图 3-3-61。

图 3-3-60　直齿圆柱齿轮传动　　　　　　　图 3-3-61　摩托车变速器中齿轮组

3）荷载分布均匀性要求

在齿轮传动中，为了避免沿齿长方向荷载分布不均匀而出现荷载集中的现象，需要齿面接触区大且均匀并符合规定要求。例如行星齿轮系中就考虑了此要求，见图 3-3-62。

4）齿侧间隙要求

齿轮受力会有变形，发热时会膨胀，制造和安装不精确，会出现卡死现象。为了防止卡死，且齿廓间能存留润滑油，故要求有一定的齿侧间隙。对于在高速、高温、重载条件下工作的闭式或开式齿轮传动，应选取较大的齿侧间隙；对于在一般条件下工作的闭式齿轮传动，可选取中等齿侧间隙；对于经常反转而转速又不高的齿轮传动，应选取较小的齿侧间隙。见图 3-3-63。

图 3-3-62　行星齿轮系　　　　　　　图 3-3-63　开式齿轮传动齿侧间隙较大

侧隙大小与中心距偏差、齿厚偏差有关。《圆弧圆柱齿轮精度》（GB/T 15753—1995）规定了 14 种齿厚偏差，分别用字母 C，L，E，…，R，S 代表公差范围。

齿轮传动的精度等级分为 12 级，由高到低的顺序依次用数字 1，2，3，…，12 表示。加工误差大、精度低，将影响齿轮的传动质量和承载能力；若精度要求过高，将给加工带来困难，提高制造成本。因此，应根据齿轮的实际工作需要，对齿轮加工精度提出适当的要求。在齿轮传动中，两个齿轮的精度等级一般相同，也允许用不同的精度等级组合。常用的精度等级是 5、6、7、8 级（表 3-3-6）。

常用齿轮精度选择 表 3-3-6

机 器 名 称	精 度 等 级	机 器 名 称	精 度 等 级
汽轮机	3~6	通用减速器	6~8
金属切削机床	3~8	锻压机床	6~9
轻型汽车	5~8	起重机	7~10
拖拉机	6~8	矿山用卷扬机	8~10
重载汽车	7~9	农业机械	8~11

齿轮精度的标注示例如下:

7—6—6 GB/T 15753—1995

第 I 公差组精度(接触精度)

第 II 公差组精度(平稳性精度)

第 III 公差组精度(运动精度)

3.4 蜗杆传动

蜗杆传动是在空间交错的两轴间传递运动和动力的一种传动,两轴线间的夹角可为任意值,常用的为 90°。传动中一般蜗杆是主动件,蜗轮是从动件,见图 3-4-1。

蜗杆传动广泛应用在机床、汽车、仪器、起重运输机械、冶金机械及其他机器或设备中,见图 3-4-2。

蜗轮
蜗杆

a)蜗轮丝杠升降机　　b)蜗轮蜗杆减速器　　c)手动蜗杆传动卷扬机

图 3-4-1 蜗杆传动　　　　　　图 3-4-2 蜗杆传动的应用

3.4.1 蜗杆传动的类型、特点

1)蜗杆传动的类型

按蜗杆形状不同,蜗杆传动的类型分为圆柱蜗杆传动、环面蜗杆传动、锥蜗杆传动,见图 3-4-3。

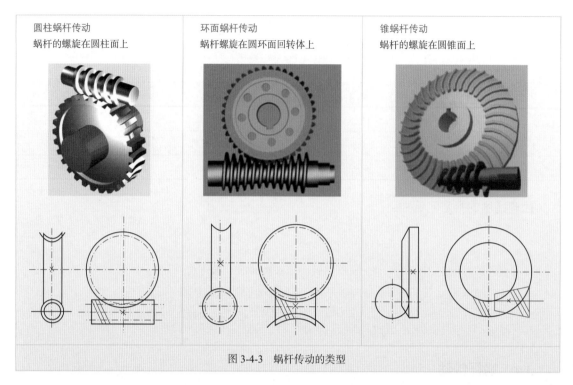

图 3-4-3 蜗杆传动的类型

其中圆柱蜗杆传动按照其齿形不同又分为普通圆柱蜗杆传动（图 3-4-4）和圆弧圆柱蜗杆传动（图 3-4-5）。普通圆柱蜗杆传动按其加工方法不同有阿基米德蜗杆（图 3-4-6）、开线蜗杆（图 3-4-7）、向直廓蜗杆和锥面包络蜗杆 4 种。其中阿基米德蜗杆制造方便，应用最为广泛。

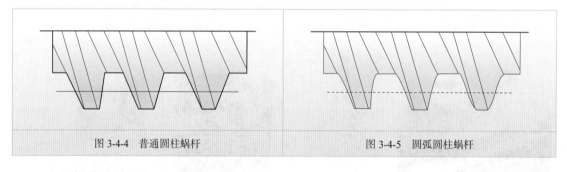

图 3-4-4 普通圆柱蜗杆   图 3-4-5 圆弧圆柱蜗杆

2）蜗杆传动的特点

（1）优点（图 3-4-8）

①结构紧凑，传动比大。传动比 $i=10\sim80$；在运动传递中（如分度机构中），传动比 i 可达 1000。

②重合度大，传动平稳，噪声小。

③可实现反行程自锁，有安全保护作用。

（2）缺点（图 3-4-9）

①效率较低，发热较大（尤其是自锁蜗杆）。

②成本较高，蜗轮主要用青铜制造，适用于大传动比，传递功率不大（不超过50kW）的场合。

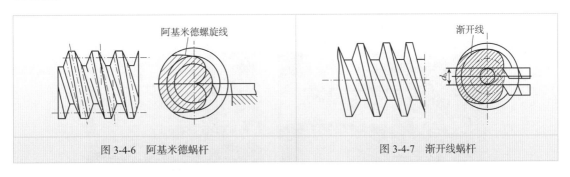

| 图 3-4-6 阿基米德蜗杆 | 图 3-4-7 渐开线蜗杆 |

| 图 3-4-8 蜗杆传动的优点 | 图 3-4-9 蜗杆传动的缺点 |

3.4.2 蜗杆传动的加工

1）蜗杆的加工

根据精度要求，可以在普通车床上用车刀和成型刀加工蜗杆，或者在数控机床上加工蜗杆，见图 3-4-10。

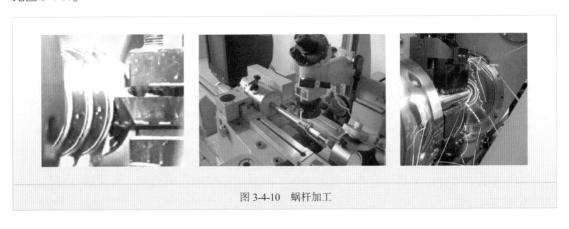

图 3-4-10 蜗杆加工

2）蜗轮的加工

制造精度要求不太高、数量较少的蜗轮，可在万能铣床上铣削。批量生产时，可在滚齿机上用专用的蜗轮滚刀以范成法加工，见图 3-4-11。

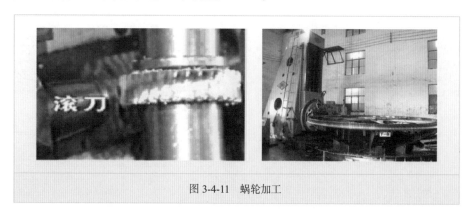

图 3-4-11　蜗轮加工

3.4.3　蜗杆蜗轮失效形式及常用材料

1）失效形式

蜗杆传动的失效形式主要有胶合、点蚀和磨损等。通常情况下，失效总是发生在强度较低的蜗轮上。在闭式传动中，蜗杆传动齿面间有较大相对滑动，效率低，发热量大，使润滑油温度升高而变稀，润滑条件变坏，易发生胶合或点蚀破坏。在开式传动或润滑密封不良的闭式传动中，蜗轮轮齿的磨损是主要的失效形式，见图 3-4-12、图 3-4-13。

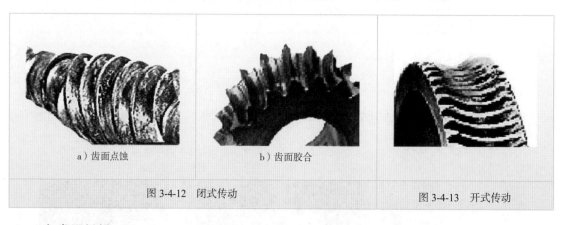

a）齿面点蚀　　　　　　　　b）齿面胶合

图 3-4-12　闭式传动　　　　　　　　　图 3-4-13　开式传动

2）常用材料

（1）蜗杆材料

蜗杆应选用硬度高、刚性好的材料。一般选用优质碳素钢或合金钢，齿面经表面淬火、渗碳淬火、调质或氮化等热处理或化学处理，并经磨削或抛光等处理。调质蜗杆一般用于荷载小、速度低的场合。受冲击荷载作用的蜗杆，最好用中碳钢调质处理。常用蜗杆材料和热处理见表 3-4-1。

蜗杆常用材料及应用 表 3-4-1

材料牌号	热 处 理	硬 度	齿面粗糙度 R_a（mm）	应 用
45，42SiMn，37SiMn2MoV，40Cr，38SiMnMo，40CrNi，42CrMo	表面淬火	45~55HRC	1.6~0.8	中速、中载、一般传动
15CrMn，20CrMn，20Cr，20CrNi，20CrMnTi	渗碳淬火	58~63HRC	1.6~0.8	高速、重载、重要传动
45	调质	<270HBS	6.3	低速、轻中载、不重要传动

（2）蜗轮材料

蜗轮常选用减摩性、耐磨性良好的青铜制造。铸铝铁青铜（ZCuAl10Fe3）常用在齿面滑动速度较低的场合；铸锡磷青铜（ZCuSn10Pb1）或者铸锡铅锌青铜（ZCuSn5Pb5Zn5）常用在齿面滑动速度较高或者连续工作的重要场合；灰铸铁（HT150、HT200）机械强度较低，冲击韧性差，容易加工，价格低，也可用于制造适合低速、轻载场合以及直径较大的蜗轮。

3.4.4 蜗杆、蜗轮结构

1）蜗杆结构

由于蜗杆的直径不大，所以常和轴做成一个整体（图 3-4-14），按照加工时有无退刀槽，可以分为有退刀槽的蜗杆轴和无退刀槽的蜗杆轴两种。

无退刀槽的，加工螺旋部分时只能用铣制的办法（图 3-4-15）。

图 3-4-14 蜗杆轴

有退刀槽的，螺旋部分可用车制，也可用铣制加工，但该结构的刚度较前一种差（图 3-4-16）。

当蜗杆的直径较大时，可以将轴与蜗杆分开制作。

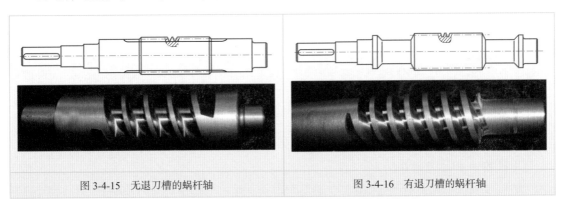

图 3-4-15 无退刀槽的蜗杆轴　　图 3-4-16 有退刀槽的蜗杆轴

2）蜗轮结构

铸铁蜗轮或分度圆直径 $d_2<100mm$ 的青铜蜗轮做成整体式，如图 3-4-17 所示。

尺寸较大的蜗轮，做成组合式，分为齿圈式、螺栓连接式、镶铸式三种（图 3-4-18）。为节约贵金属，齿圈式由齿圈用青铜，轮芯用铸铁或钢制作。当 $d_2>400mm$ 时，可采用螺栓连接式。批量生产时，采用镶铸式。

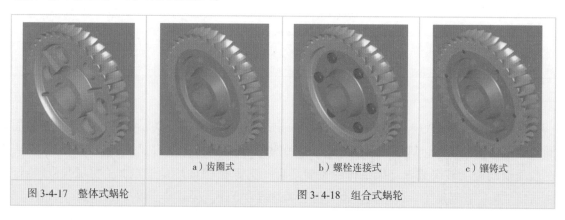

| a）齿圈式 | b）螺栓连接式 | c）镶铸式 |

图 3-4-17　整体式蜗轮　　　　　图 3- 4-18　组合式蜗轮

3.4.5　蜗杆传动的旋向和转向

1）蜗杆的旋向

蜗杆的旋向有左旋、右旋之分（图 3-4-19）。

2）蜗杆蜗轮运动关系判定

左右手判定法则：先判断蜗杆的旋向，蜗杆左旋用左手，蜗杆右旋用右手，四指握住蜗杆转向，则蜗轮转向与大拇指指向相反。见图 3-4-20。

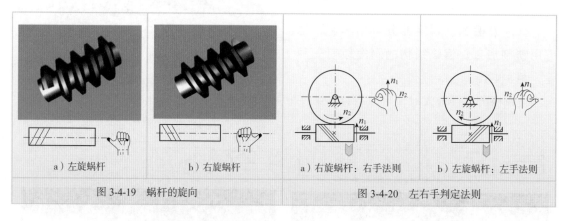

| a）左旋蜗杆 | b）右旋蜗杆 | a）右旋蜗杆：右手法则 | b）左旋蜗杆：左手法则 |

图 3-4-19　蜗杆的旋向　　　　　图 3-4-20　左右手判定法则

3.4.6　蜗杆传动的主要参数

1）模数 m 和压力角 α

蜗杆、蜗轮的参数和尺寸大多在中间平面（主平面）内确定。

中间平面：通过蜗杆轴线且与蜗轮轴线垂直的平面，见图 3-4-21。

国家标准规定，以蜗杆的轴面参数、蜗轮的端面参数为标准值。压力角标准值为 20°。

2）蜗杆分度圆直径 d_1

用蜗轮滚刀切制蜗轮时，滚刀的分度圆直径必须与蜗杆的分度圆直径相同。为限制滚刀数目，国家标准将蜗杆分度圆直径标准化，与标准模数匹配，标准系列见表 3-4-2。

部分圆柱蜗杆传动的标准模数 m 与分度圆直径 d_1（选自 GB/T 10085—1988）　表 3-4-2

模数 m（mm）	蜗杆分度圆直径 d_1（mm）	蜗杆头数
3.15	35.5	1、2、4
	56	1
4	40	1、2、4
	71	1
5	50	1、2、4
	90	1
6.3	63	1、2、4
	112	1

3）蜗杆分度圆柱的导程角 γ

蜗杆分度圆柱的导程角 γ 如图 3-4-22 所示，计算公式为：

$$\tan\gamma = \frac{z_1 \pi m}{\pi d_1} = \frac{mz_1}{d_1} \tag{3-4-1}$$

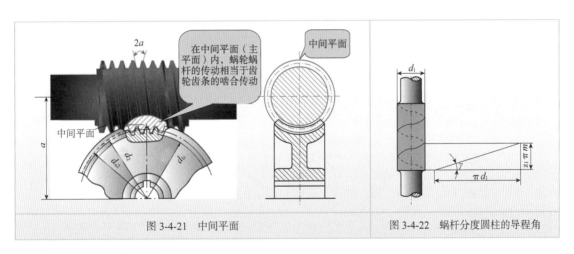

图 3-4-21　中间平面　　　　　　　　图 3-4-22　蜗杆分度圆柱的导程角

4）蜗杆的直径系数 q

式（3-4-1）中，$d_1 = mz_1/\tan\gamma$，令 $q = z_1/\tan\gamma$，称为蜗杆的直径系数，即 $d_1 = mq$。

当模数 m 一定时，q 值增大则蜗杆直径 d_1 增大，蜗杆的刚度提高。因此，对于小模数蜗杆，规定了较大的 q 值，以保证蜗杆有足够的刚度。

5）蜗杆的头数 z_1（图 3-4-23）

蜗杆的头数通常取 2~3，当传动效率要求较高时，应使 $z_1 \geq 2$。z_1 越大，传动效率越高，但加工困难，自锁性差；要求传动比大或传动较大转矩时，应使 $z_1=1$；当要求自锁时，必须使 $z_1=1$。

6）蜗轮齿数 z_2

z_2 一般在 27~80 范围内选取。$z_2 < 27$ 时，蜗轮加工易产生根切现象；z_2 过大，会使蜗轮尺寸过大，刚度降低。

z_1、z_2 推荐值见表 3-4-3。

a）单头　　b）双头　　c）三头

图 3-4-23　蜗杆的头数

		z_1、z_2 推荐值		表 3-4-3
传动比 i	7~13	14~27	28~40	> 40
z_1	4	3	2~1	1
z_2	28~52	28~54	28~80	> 40

3.4.7　蜗杆传动的传动比和几何尺寸计算

蜗杆传动的传动比：

$$i = \frac{n_1}{n_2} = \frac{z_2}{z_1} \qquad\qquad (3\text{-}4\text{-}2)$$

式中：n_1——蜗杆转数；

n_2——蜗轮转数；

z_2——蜗轮齿数；

z_1——蜗杆头数。

i 越小，越容易自锁，但是效率越低。

看看勤劳的小蚂蚁的总结吧

圆柱蜗杆传动几何尺寸计算公式汇总见表 3-4-4。

圆柱蜗杆传动几何尺寸计算公式　　　　表 3-4-4

名　称	计　算　公　式	
	蜗　杆	蜗　轮
齿顶高	$h_{a1}=m$	$h_{a2}=m$
齿根高	$h_{f1}=1.2m$	$h_{f2}=1.2m$
分度圆直径	$d_1=mq$	$d_2=mz_2$
齿顶圆直径	$d_{a1}=m(q+2)$	$d_{a2}=m(z_2+2)$
齿根圆直径	$d_{f1}=m(q-2.4)$	$d_{f2}=m(z_2-2.4)$
顶隙	$c=0.2m$	

续上表

名　　称	计 算 公 式	
	蜗 杆	蜗 轮
蜗杆轴向齿距	$p_{a1}=p_{t2}=\pi m$	
蜗轮端面齿距		
蜗杆分度圆柱的导程角	$\gamma=\arctan\dfrac{z_1}{q}$	$\gamma=\arctan\dfrac{z_1}{q}$
蜗轮分度圆柱的螺旋角		$\beta=\gamma$
中心距	$a=m(d_1+d_2)/2=m(q+z_2)/2$	

3.5　齿轮系与减速器

在实际机械中，为了满足功能要求和实际工作需要，常采用齿轮系。如齿轮系用于汽车变速箱、转向器中，用来变换速度和变换车轮的运动方向；齿轮系用于车床变速箱中，用来改变主轴转速等。见图 3-5-1。

a）数控机床　　　　　　b）汽车　　　　　　c）挖掘机

图 3-5-1　齿轮系的应用

用一系列互相啮合的齿轮将主动轴和从动轴连接起来的传动装置称为齿轮系，见图 3-5-2。

a）变速器　　　　　b）仪表中的定轴齿轮系　　　　　c）齿轮减速器

图 3-5-2　齿轮系

3.5.1　齿轮系的类型

齿轮系有以下两种类型:

(1)定轴齿轮系:传动时,所有齿轮的几何轴线位置相对于机架固定不变的轮系,见图 3-5-3a)、b)。

(2)行星齿轮系:传动时,轮系中至少有一个齿轮的几何轴线位置不固定,而是绕另一个齿轮的固定轴线回转的轮系,见图 3-5-3c)。

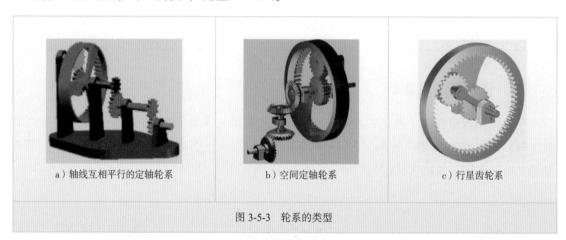

a)轴线互相平行的定轴轮系　　　b)空间定轴轮系　　　c)行星齿轮系

图 3-5-3　轮系的类型

行星齿轮系由行星轮、太阳轮、行星架组成,见图 3-5-4。

行星轮:几何轴线回转齿轮,兼自传与公转。

太阳轮(中心轮):与行星轮相外啮合或内啮合的齿轮,几何轴线固定。

行星架(转臂):支持行星轮的构件。

3.5.2　齿轮系传动的应用

1)传递相距较远的两轴之间的运动(图 3-5-5)

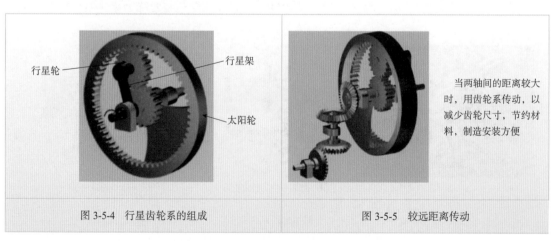

行星轮　　　行星架

太阳轮

当两轴间的距离较大时,用齿轮系传动,以减少齿轮尺寸,节约材料,制造安装方便

图 3-5-4　行星齿轮系的组成　　　　图 3-5-5　较远距离传动

2）实现分路传动（图3-5-6）

可以将主动轴上的运动传递给若干个从动轴，实现分路传动，如钟表等机器设备中的齿轮系传动

a）某航空发动机附件分路传动系统简图　　　　b）钟表中带动时针、分针、秒针转动的齿轮系

图3-5-6　实现分路传动

3）实现变速运动（图3-5-7）

4）实现变换方向（图3-5-8）

在主动轴转速不变的条件下，从动轴可获得多种转速。汽车、机床、起重设备等多种机器设备都需要变速传动

当主动轴转向不变时，可利用齿轮系中的惰轮来改变从动轴的转向

图3-5-7　机床变速箱　　　　　　　　图3-5-8　变向机构

5）获得大传动比（图3-5-9）

6）实现运动的合成与分解（图3-5-10）

一般定轴齿轮的传动比不宜大于5~7。为此，当需要获得较大的传动比时，可用几个齿轮组成的行星齿轮系来达到目的

这类齿轮系称为差速器，如汽车驱动桥中允许左、右轮转速不同的差速器

图3-5-9　行星齿轮系　　　　　　　　图3-5-10　汽车后桥

3.5.3 定轴齿轮系的传动比计算

进行齿轮系传动比计算时，除计算传动比大小外，一般还要确定首、末轮转向关系。

1）主、从动轮之间的转向关系

（1）画箭头法

各种类型齿轮传动，主、从动轮的转向关系均可用标箭头的方法确定。

圆柱齿轮传动：外啮合圆柱齿轮传动时，主、从动轮转向相反，见图3-5-11a）；内啮合圆柱齿轮传动时，主、从动轮转向相同，见图3-5-11b）。

圆锥齿轮传动：圆锥齿轮传动时，两个啮合齿轮传动箭头应同时指向啮合点或背离啮合点，见图3-5-12。

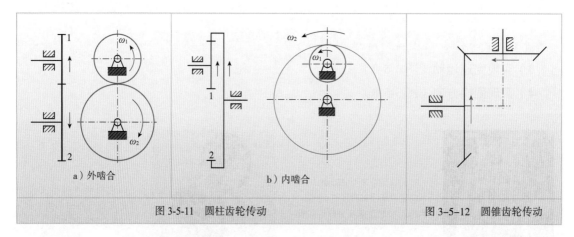

图 3-5-11　圆柱齿轮传动　　　　　　　　　　　图 3-5-12　圆锥齿轮传动

蜗杆传动：蜗杆与蜗轮之间的转向关系按左右手定则确定，同样可用画箭头法表示，见图3-5-13。

（2）"±"符号方法

对于圆柱齿轮传动，从动轮与主动轮的转向关系可直接在传动比公式中表示，即：

$$i_{12} = \frac{n_1}{n_2} = \pm \frac{z_2}{z_1}$$

式中，1为主动轮，2为从动轮。其中"+"号表示主从动轮转向相同，用于内啮合；"－"号表示主从动轮转向相反，用于外啮合。见图3-5-14。

2）平行定轴齿轮系传动比的计算

齿轮系传动比，即齿轮系中首轮与末轮转速之比。

如图3-5-15所示为各轴线平行的定轴轮系。输入轴与主动首轮固联，输出轴与从动末轮5固联，所以该轮系传动比就是输入轴与输出轴的转速比，其传动比 i 的求法如下。

（1）齿轮动力传递线

由图3-5-15可知齿轮动力传递线为：

$$（1 \rightarrow 2）=（2' \rightarrow 3）=（3' \rightarrow 4）=（4 \rightarrow 5）$$

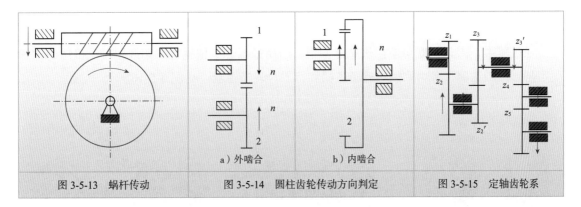

| 图 3-5-13 蜗杆传动 | 图 3-5-14 圆柱齿轮传动方向判定 | 图 3-5-15 定轴齿轮系 |

a）外啮合　　　　b）内啮合

上式括号内是一对啮合齿轮，在每对齿轮啮合中，轮 1、2′、3′、4 分别为主动轮，轮 2、3、4、5 分别为从动轮；以"→"所连两轮表示啮合，以"="所连两轮表示同轴运转，它们的转速相等。

（2）传动比 i 的大小

$$i_{12}=\frac{n_1}{n_2}=-\frac{z_2}{z_1}\qquad i_{2'3}=\frac{n_{2'}}{n_3}=-\frac{z_3}{z_{2'}}\qquad i_{3'4}=\frac{n_{3'}}{n_4}=-\frac{z_4}{z_{3'}}\qquad i_{45}=\frac{n_4}{n_5}=-\frac{z_5}{z_4}$$

$$i_{15}=\frac{n_1}{n_5}=\frac{n_1}{n_2}\cdot\frac{n_{2'}}{n_3}\cdot\frac{n_{3'}}{n_4}\cdot\frac{n_4}{n_5}=(-1)^4\frac{z_2}{z_1}\cdot\frac{z_3}{z_{2'}}\cdot\frac{z_4}{z_{3'}}\cdot\frac{z_5}{z_4}=i_{12}\cdot i_{2'3}\cdot i_{3'4}\cdot i_{45}$$

上式表明，该定轴齿轮系的传动比等于各对啮合齿轮传动比的连乘积，也等于各对啮合齿轮中各从动轮齿数的连乘积与各主动轮齿数的连乘积之比，其正负号取决于轮系中外啮合齿轮的对数。当外啮合齿轮为偶数对时，传动比为正号；当外啮合齿轮为奇数对时，传动比为负号。

结论：设定轴齿轮系首轮为 1 轮、末轮为 k 轮，m 为齿轮系中轮 1~k 间外啮合齿轮的对数。定轴齿轮系传动比 i_{1k} 公式为：

$$i_{1k}=\frac{n_1}{n_k}=(-1)^m\frac{\text{从轮 1~}k\text{ 之间所有从动轮齿数的连乘积}}{\text{从轮 1~}k\text{ 之间所有主动轮齿数的连乘积}}\qquad（3-5-1）$$

 和聪明的小蚂蚁一起做道题

【例题 3-5-1】在如图 3-5-15 所示的齿轮系中，已知 $z_1=20$，$z_2=40$，$z_{2'}=30$，$z_3=60$，$z_{3'}=25$，$z_4=30$，$z_5=50$，均为标准齿轮传动。若已知轮 1 的转速 $n_1=1440\text{r/min}$，试求轮 5 的转速。

解：此定轴齿轮系各轮轴线相互平行，且轮 4 为惰轮，齿轮系中有三对外啮合齿轮。

$$i_{15}=\frac{n_1}{n_5}=(-1)^4\frac{z_2}{z_1}\cdot\frac{z_3}{z_{2'}}\cdot\frac{z_4}{z_{3'}}\cdot\frac{z_5}{z_4}=(-1)^4\frac{40\times60\times30\times50}{20\times30\times25\times30}=8$$

$$n_5=n_1/i=1440/8=180\text{r/min}$$

正号，表示轮 1 和轮 5 的转向相同。

3.5.4　减速器

在机器中，减速器既可以用来减速，也可以用来增速。依据齿轮轴线相对于机体的位置固定与否，减速器可分为定轴齿轮减速器和行星齿轮减速器，见图 3-5-16。

a）单级蜗杆减速器　　　b）两级齿轮减速器　　　c）两级齿轮减速器内部结构

图 3-5-16　各类减速器

减速器主要由传动零件（齿轮或蜗杆）、轴、轴承、箱体及其附件组成，见图 3-5-17。

1）定轴齿轮减速器

定轴齿轮减速器具有效率及可靠性高、工作寿命长、维护简便、应用范围很广、齿轮组合形式多样等特点，见图 3-5-18~ 图 3-5-21。

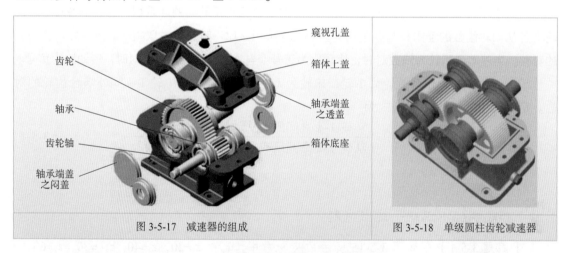

图 3-5-17　减速器的组成　　　　　　图 3-5-18　单级圆柱齿轮减速器

图 3-5-19　两级圆柱齿轮减速器　　　图 3-5-20　圆锥齿轮减速器　　　图 3-5-21　蜗轮蜗杆减速器

2）行星齿轮减速器

行星齿轮减速器具有传动比大、结构紧凑、相对体积小、结构复杂、制造精度要求较高等特点，见图 3-5-22。

a）渐开线行星齿轮减速器　　　b）摆线针轮行星齿轮减速器　　　c）谐波减速器

图 3-5-22　行星齿轮减速器

3）减速器的选用

选择减速器类型时应参照下列事项：

（1）考虑动力机与工作机的相对轴线位置。

（2）考虑传动比的大小。

（3）考虑传递功率的大小。

（4）考虑效率的高低。

4）常用减速器的标牌及含义示例

Z/Y-400-12.5-1 JB/T 8853—2001
- 机械标准
- 第一种装配形式
- 传动比为 12.5
- 中心距为 400
- 两级传动圆柱齿轮减速器（Y表示硬齿面）

拓展阅读

减速器拆装步骤及应考虑的问题

1. 观察外形及外部结构

（1）观察外部附件，分清哪个是起吊装置，哪个是定位销、起盖螺钉、油标、油塞，并了解它们各起什么作用，布置在什么位置。

（2）箱体、箱盖上为什么要设计筋板？筋板的作用是什么？如何布置？

（3）仔细观察轴承座的结构形状，并了解轴承座两侧连接螺栓应如何布置。

（4）铸造成型的箱体最小壁厚是多少？如何减轻其质量及表面加工面积？

（5）箱盖上为什么要设置铭牌？其目的是什么？铭牌中有什么内容？

2. 拆卸观察孔盖

（1）观察孔起什么作用？应布置在什么位置及设计多大才是适宜的？

（2）观察孔盖上为什么要设计通气孔？孔的位置应如何确定？

3. 拆卸箱盖

（1）拆卸轴承端盖紧固螺钉（嵌入式端盖无紧固螺钉）。

（2）拆卸箱体与箱盖连接螺栓，起出定位销钉，然后拧动起盖螺钉，卸下箱盖。

（3）在用扳手拧紧或松开螺栓螺母时，扳手至少要旋转多少度才能松紧螺母？

（4）起盖螺钉的作用是什么？与普通螺钉结构有什么不同？

（5）如果在箱体、箱盖上不设定位销钉将会产生什么样的严重后果？为什么？

4. 观察减速器内部各零部件的结构和布置

（1）箱体与箱盖接触面为什么没有密封垫？是如何解决密封问题的？

（2）目测一下齿轮与箱体内壁的最近距离，思考若你来设计加工，应如何确定该距离。

（3）用手轻轻转动高速轴，观察各级啮合时齿轮有无侧隙，并了解侧隙的作用。

（4）观察箱内零件间有无干涉现象，并观察结构中是如何防止和调整零件间相互干涉的。

（5）了解轴承内孔与轴的配合性质、轴承外径与轴承座的配合性质。

（6）考虑轴发生热膨胀时需要怎样的自行调节。

5. 从箱体中取出各传动轴部件

（1）观察轴上大、小齿轮结构，了解大齿轮上为什么要设计工艺孔，以及其目的是什么。

（2）轴上零件是如何实现周向定位和轴向定位并固定的？

（3）各级传动轴为什么要设计成阶梯轴，而不设计成光轴？设计阶梯轴时应考虑什么问题？

（4）直齿圆柱齿轮和斜齿圆柱齿各有什么特点？其轴承在选择时应考虑什么问题？

（5）计算各齿轮齿数，计算各级齿轮的传动比。高、低各级传动比是如何分配的？

（6）观察箱体内油标（油尺）、油塞的结构及布置。

6. 装配

（1）检查箱体内无零件及其他杂物留在箱体内后，擦净箱体内部，将各传动轴部件装入箱体内。

（2）将嵌入式端盖装入轴承压槽内，并用调整垫圈调整好轴承的工作间隙。

（3）将箱内各零件用棉纱擦净，涂上机油防锈。再用手转动高速轴，观察有无零件干涉现象。无误后，经指导老师检查合上箱盖。

（4）松开起盖螺钉，装上定位销，并打紧。装上螺栓、螺母用手逐一拧紧后，再用扳手分多次均匀拧紧。

（5）装好轴承小盖，观察所有附件是否都装好。用棉纱擦净减速器外部，放回原处，摆放整齐。

3.6 螺旋传动

螺旋传动由螺旋（或称为螺杆）、螺母和机架组成，实现旋转运动与直线运动的转换，见图 3-6-1。

螺旋传动具有结构简单，工作连续、平稳，承载能力强，传动精度高等优点，广泛应用于各种机械仪器中，如图 3-6-2 所示。

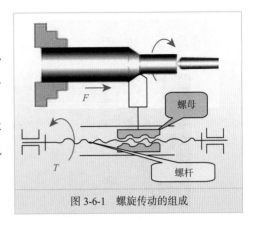

图 3-6-1 螺旋传动的组成

a）千分尺　　　　　　　　　b）虎钳

图 3-6-2 螺旋传动的应用

3.6.1 螺旋传动的类型

1）按用途分

按用途，可分为传力螺旋、传导螺旋、调整螺旋三类。

（1）传力螺旋

以传递动力为主，可实现用较小的转矩产生较大的轴向力，如千斤顶和压力机，见图 3-6-3。

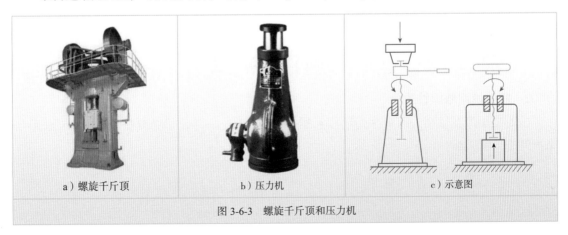

a）螺旋千斤顶　　　　b）压力机　　　　c）示意图

图 3-6-3 螺旋千斤顶和压力机

（2）传导螺旋

以传递运动为主，有时也传递较大的轴向荷载，见图 3-6-4。

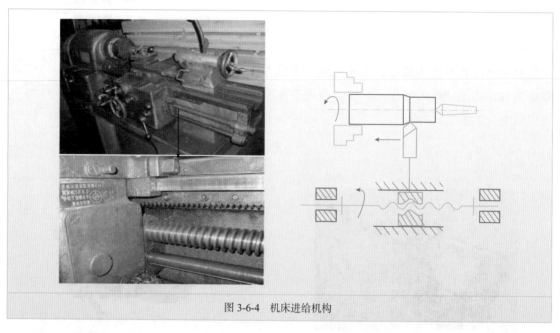

图 3-6-4　机床进给机构

（3）调整螺旋

用以调整并固定零部件间的相对位置，如机床、仪器、测试装置及带传动张紧装置中微调机构的螺旋，见图 3-6-5。

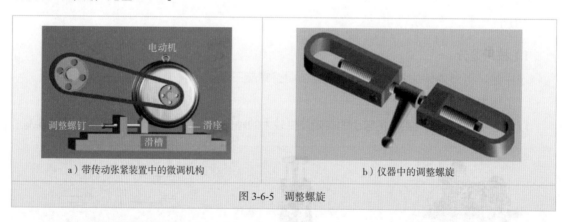

a）带传动张紧装置中的微调机构　　b）仪器中的调整螺旋

图 3-6-5　调整螺旋

2）按螺旋副摩擦性质分

按螺旋副摩擦性质，可分为滑动摩擦螺旋（图 3-6-6）、滚动摩擦螺旋（图 3-6-7）、静压摩擦螺旋（图 3-6-8）。

3.6.2　螺旋传动的应用

螺旋传动的应用如图 3-6-9～图 3-6-12 所示。

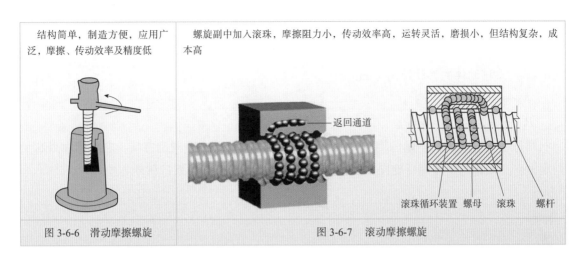

结构简单，制造方便，应用广泛，摩擦、传动效率及精度低

图 3-6-6 滑动摩擦螺旋

螺旋副中加入滚珠，摩擦阻力小，传动效率高，运转灵活，磨损小，但结构复杂，成本高

返回通道

滚珠循环装置 螺母 滚珠 螺杆

图 3-6-7 滚动摩擦螺旋

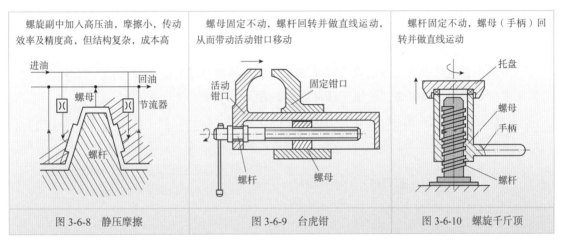

螺旋副中加入高压油，摩擦小，传动效率及精度高，但结构复杂，成本高

进油 回油
螺母 节流器
螺杆

图 3-6-8 静压摩擦

螺母固定不动，螺杆回转并做直线运动，从而带动活动钳口移动

活动钳口 固定钳口
螺杆 螺母

图 3-6-9 台虎钳

螺杆固定不动，螺母（手柄）回转并做直线运动

托盘
螺母
手柄
螺杆

图 3-6-10 螺旋千斤顶

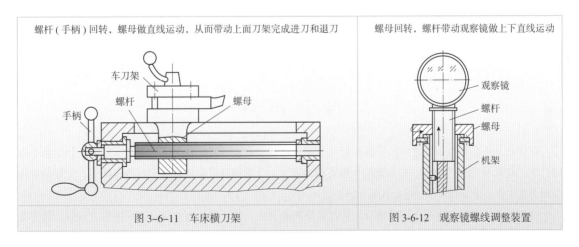

螺杆（手柄）回转，螺母做直线运动，从而带动上面刀架完成进刀和退刀

车刀架
螺杆 螺母
手柄

图 3-6-11 车床横刀架

螺母回转，螺杆带动观察镜做上下直线运动

观察镜
螺杆
螺母
机架

图 3-6-12 观察镜螺线调整装置

3.6.3 普通螺旋传动直线移动距离的计算

普通螺旋传动中，螺杆（螺母）相对于螺母（螺杆）每回转一圈，螺杆就移动一个导程

P_h 的距离。因此，移动距离 L 等于回转圈数 N 与导程 P_h 的乘积，即：

$$L=NP_h \qquad\qquad (3\text{-}6\text{-}1)$$

式中：L——移动件的移动距离（mm）；

$\quad N$——回转圈数（r）；

$\quad P_h$——螺纹导程（mm）。

螺母移动方向判定：螺杆旋转，螺母移动。左旋螺纹用左手判定方向，右旋螺纹用右手判定方向。四指指向与螺杆旋向相同，大拇指指向的相反方向为螺母移动方向。

 和聪明的小蚂蚁一起做两道题

【例题 3-6-1】如图 3-6-13 所示，普通螺纹传动中，已知左旋双线螺杆的螺距为 8mm，若螺杆向图示方向回转三周，则螺母移动了多少距离？方向如何？

解：$L=NP_h=3\times 8\times 2=48\text{mm}$

因为是左旋螺纹，所以用左手判定方向，四指指向与螺杆旋向相同，大拇指指向的相反方向为螺母移动方向，故螺母移动方向向右。

【例题 3-6-2】如图 3-6-11 所示的 CA6140 型车床，已知右旋单线螺杆螺距为 3mm，正对机床手柄，若逆时针旋转两周，则螺母移动距离是多少？方向如何？

解：$L=NP_h=2\times 3\times 1=6\text{mm}$

因为是右旋螺纹，所以用右手判定方向，四指指向与螺杆旋向相同，大拇指指向的相反方向为螺母移动方向，故螺母移动方向向右（进刀）。

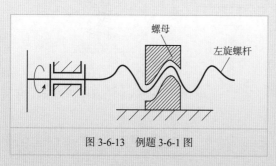

图 3-6-13　例题 3-6-1 图

 # 单 元 小 结

带传动是依靠带与带轮之间的摩擦或者啮合来传递运动和动力的，各类带传动在实际生产和生活中应用广泛，普通 V 带更为突出。带传动的失效有很多原因，常见的失效形式有磨损和疲劳撕裂。为保证带传动的正常工作，需要对带传动进行张紧和维护。

链传动是依靠链和链轮之间的啮合来传递运动和动力的。最常用的传动链有滚子链和齿形链。链传动的常见失效形式有链板疲劳、铰链磨损、铰链胶合、滚子冲击破坏和链条静力拉断。正确的安装、维护和良好的润滑是确保链传动正常工作的重要条件。

齿轮传动用于传递空间任意轴之间的运动和动力，靠一对齿轮的轮齿依次相互啮合传递运动和动力。齿轮传动的传动比恒定，传动效率高，寿命长，工作可靠，结构紧凑。齿轮传动种类众多，是应用最广泛的机械传动之一。模数和齿数是决定齿轮尺寸和承载能力的重要参数。加工齿轮的切削法主要有仿形法和范成法。用范成法加工小于17的标准齿轮会发生根切，可以采用变位齿轮。齿轮轮齿的失效形式主要有齿面磨损、齿面点蚀、齿面胶合、轮齿折断和齿面塑性变形。圆柱齿轮分为齿轮轴、实体齿轮、辐板式齿轮、轮辐式齿轮四种结构。选择齿轮传动的精度应考虑传递运动准确性、工作平稳性、荷载分布均匀性、齿侧间隙四个方面。

蜗杆传动是用于传递空间两交错轴之间的运动和动力的。蜗杆传动结构紧凑，传动比大，重合度大，传动平稳，噪声小，可以自锁，但效率较低。蜗轮材料导致其成本较高。蜗杆传动的失效形式主要有齿面胶合、齿面点蚀和磨损等。运用左右手法则可判定蜗杆蜗轮运动关系。

齿轮系可以实现相距较远的两轴之间的运动，可以实现分路、变速、换向传动，可以获得大传动比，可以准确实现运动的合成与分解，应用广泛。齿轮系分为定轴齿轮系和行星齿轮系。行星齿轮系由行星轮、太阳轮和行星架组成。可以运用画箭头法和"±"方法确定齿轮系各齿轮方向。定轴齿轮系的传动比等于各对啮合齿轮传动比的连乘积，也等于各对啮合齿轮中各从动轮齿数的连乘积与各主动轮齿数的连乘积之比。

减速器是由传动零件（齿轮或蜗杆）、轴、轴承、箱体及其附件所组成的一类常见机器，有标准系列产品供应。

螺旋传动由螺旋、螺母和机架组成，能实现旋转运动与直线运动的转换。按用途分为传力螺旋、传导螺旋、调整螺旋，按螺旋副摩擦性质分为滑动摩擦和滚动摩擦。螺杆（螺母）相对于螺母（螺杆）每回转一圈，螺杆就移动一个导程 P_h 的距离。因此，移动距离 L 等于回转圈数 N 与导程 P_h 的乘积。

练 习 题

3-1 带传动一般由_____、_____和_____三部分组成。根据工作原理不同，带传动分为_____带传动和_____带传动两大类。

3-2 常见的带传动的张紧装置有_____和_____等几种。

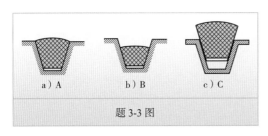

题 3-3 图

3-3 如图所示为安装后 V 带在轮槽中的三种位置，正确的位置是_____。

3-4 已知某平带传动，主动轮直径 d_1=80mm，转速 n_1=1450r/min，要求从动轮转速 n_2 为290r/min。试求传动比 i 和从动轮直径 d_2。

3-5 如图所示为带传动张紧装置，试分析：

（1）A 图为_____带张紧，张紧轮置于_____边的_____侧，且靠近_____处。

（2）B 图为_____带张紧，张紧轮置于_____边的_____侧，且靠近_____处。

（3）A 图中小带轮的包角较张紧前_____，B 图中的包角较张紧前_____（大或小）。

（4）张紧前后，_____图中带的工作能力大大增加，_____图中带不会受双向弯曲作用。

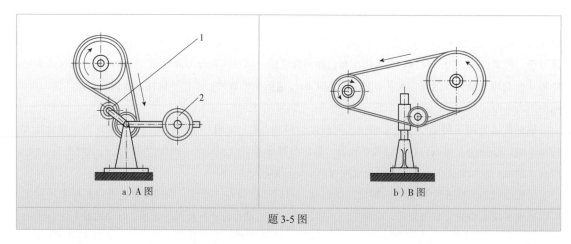

a）A图   b）B图

题3-5图

3-6 当要求链传动的速度高且噪声小时，宜选_____。

    A. 滚子链   B. 多排链   C. 齿形链

3-7 欲在两轴相距较远、工作条件恶劣的环境下传递大功率时，宜选_____。

    A. 带传动   B. 链传动   C. 齿轮传动   D. 蜗杆传动

3-8 链传动属于_____传动。

    A. 具有中间挠性体的摩擦传动   B. 具有中间挠性体的啮合传动

    C. 两零件直接接触的啮合传动   D. 两零件直接接触的摩擦传动

3-9 如图所示为链传动的布置形式，小链轮为主动轮。在各图示的布置方式中，指出哪些是合理的？哪些是不合理的？为什么？（注：最小轮为张紧轮）

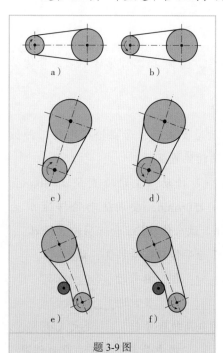

题3-9图

3-10 与其他传动相比较，齿轮传动有下列特点：

    （1）瞬时传动比恒定；

    （2）工作可靠、寿命长；

    （3）效率高；

    （4）制造和安装精度要求高；

    （5）能适用于广泛的速度和功效。

    其中有_____优点。

    A. 3 条   B. 4 条

    C. 5 条   D. 6 条

3-11 能够实现两轴转向相同的齿轮传动是_____。

    A. 外啮合圆柱齿轮传动

    B. 内啮合圆柱齿轮传动

    C. 锥齿轮传动

    D. 齿轮齿条传动

3-12 目前最常用的齿廓曲线是_____。

A. 摆线　　　　　　　　B. 直线　　　　　　　　C. 渐开线　　　　　　　　D. 圆弧

3-13 齿轮传动中，在短时过载或强烈冲击下，齿轮常见的失效形式是_____。

A. 轮齿折断　　　　　　B. 齿面磨损　　　　　　C. 齿面胶合　　　　　　D. 齿面点蚀

3-14 用范成法加工标准齿轮时，切齿干涉发生在_____。

A. 模数较大的齿轮　　　　　　　　B. 齿数较多的齿轮

C. 模数较小的齿轮　　　　　　　　D. 齿轮较少的齿轮

3-15 一齿轮传动，主动轴转速为 1200r/min，主动轮齿数为 20，从动轮齿数为 30，则从动轮转速为_____。

A. 1800r/min　　　　　B. 800r/min　　　　　C. 60r/min　　　　　D. 40r/min

3-16 标准直齿圆柱齿轮的全齿高等于 9mm，该齿轮的模数为_____。

A. 2mm　　　　　　　　B. 3mm　　　　　　　　C. 4mm　　　　　　　　D. 8mm

3-17 标准直齿圆柱外齿轮的齿顶圆直径为 110mm，齿数为 20，分度圆直径为_____。

A. 105mm　　　　　　　B. 100mm　　　　　　　C. 90mm　　　　　　　D. 80mm

3-18 一对标准直齿圆柱外齿轮的模数为 4mm，齿数 $z_1=18$、$z_2=36$，试问正确安装的中心距为_____。

A. 216mm　　　　　　　B. 210mm　　　　　　　C. 110mm　　　　　　　D. 108mm

3-19 判断题（对的打√，错的打×）

（1）齿面点蚀是开式齿轮传动的主要形式。（　　）

（2）在闭式齿轮传动中，齿轮折断是主要的失效形式。（　　）

（3）在低速、重载的齿轮传动中，齿面胶合是主要的失效形式。（　　）

（4）模数 m 反映了齿轮轮齿的大小，模数越大，轮齿越大，齿轮的承载能力越小。（　　）

（5）范成法的特点是：加工精度与生产效率提高，用于生产模数和压力角相同而齿数不同的齿轮，可以使用同一把刀具加工。（　　）

（6）用范成法加工齿数小于 17 齿的直齿圆柱齿轮时，一定会出现根切。（　　）

3-20 已知一对标准直齿圆柱齿轮传动，其传动比 $i_{12}=3$，主动轮转速 $n_1=600$r/min，中心距 $a=168$mm，模数 $m=4$mm，试求从动轮的转速 n_2、齿轮齿数 z_1 和 z_2。

3-21 技术革新需要一对传动比为 3 的直齿圆柱齿轮，现找到两个齿形角为 20° 的直齿轮，经测量齿数分别为 $z_1=20$、$z_2=60$，齿顶圆直径 $d_{a1}=55$mm、$d_{a2}=186$mm，试问这两个齿轮是否能配对使用？为什么？

3-22 在如图所示蜗杆传动简图中，_____图的转向关系是错误的（蜗杆均为主动件）。

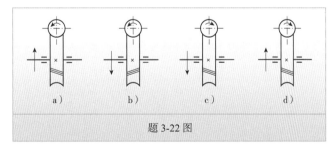

题 3-22 图

3-23 如图所示的蜗杆、蜗轮转向关系或螺旋方向有错误的是_____图（蜗杆均为主动件）。

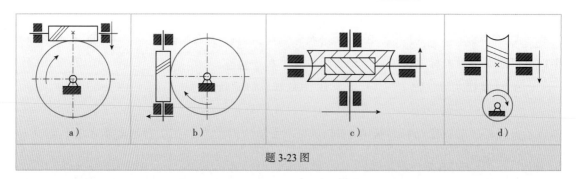

题 3-23 图

3-24 图示定轴轮系中，已知：$z_1=15$，$z_2=25$，$z_{2'}=15$，$z_3=30$，$z_{3'}=15$，$z_4=30$，$z_{4'}=2$（右旋），$z_5=60$，$z_{5'}=20$，构件 5′ 和 6 分别为渐开线标准直齿轮和直齿条，其模数 $m=4\text{mm}$，若 $n_1=500\text{r/min}$，求齿条 6 的线速度的大小和方向。

3-25 如图所示为一手摇提升装置，其中各轮齿数均已知，试求传动比，并指出当提升重物时手柄的转向（从左往右看时的转向）。

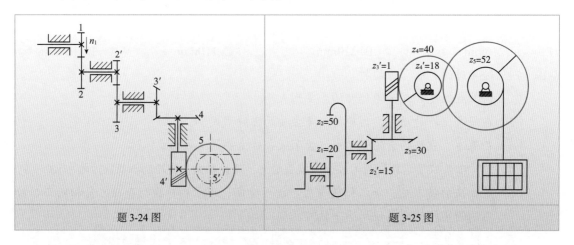

题 3-24 图　　　　　　　　　题 3-25 图

3-26 螺旋传动按用途分可以分为哪三类？试着分别列举两个生活或生产中的实际例子。

单元 4　轴系零部件

4.1　轴

轴是支承转动零件（齿轮、带轮等）并与之一起回转以传递运动、扭矩或弯矩的机械零件。轴是由轴承来支撑的，见图 4-1-1。

轴在生产生活中随处可见，如自行车中的轴、内燃机的曲轴、减速器中的轴、汽车的传动轴等（图 4-1-2）。

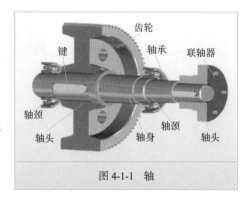

图 4-1-1　轴

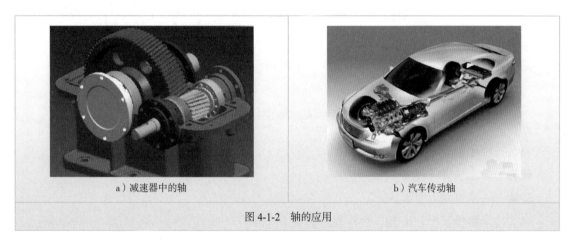

a）减速器中的轴　　　　　　　b）汽车传动轴

图 4-1-2　轴的应用

4.1.1　轴的分类

（1）按轴线形状分：直轴、曲轴、钢丝软轴（图 4-1-3）。

直轴——轴心线为直线（图 4-1-3a）。

曲轴——轴心线为曲线（图 4-1-3b）。

钢丝软轴——轴心线为柔软可变的曲线（图 4-1-3c）。

（2）按轴的结构分：光轴、阶梯轴、实心轴、空心轴（图 4-1-4）。

光轴——外径相同的轴（图 4-1-3a）。

阶梯轴——不同外径组成有台肩的轴（图 4-1-4a）。

实心轴——轴心有材料（图 4-1-4b）。

空心轴——轴心无材料（图 4-1-4c）。

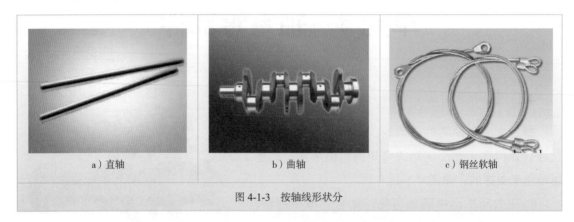

| a）直轴 | b）曲轴 | c）钢丝软轴 |

图 4-1-3　按轴线形状分

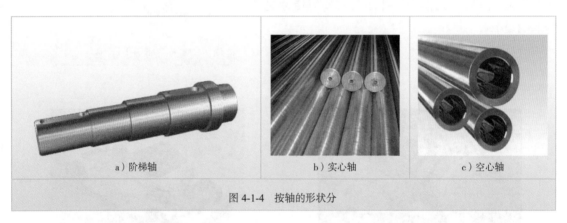

| a）阶梯轴 | b）实心轴 | c）空心轴 |

图 4-1-4　按轴的形状分

（3）按刚柔性分：硬轴和软轴。

硬轴——刚性轴（图 4-1-3a）。

软轴——挠性轴（图 4-1-3c）。

（4）按承载情况分：心轴、传动轴、转轴。

心轴、传动轴、转轴的应用特点见表 4-1-1。

心轴、传动轴和转轴的应用特点　　　　　　　　　　　　　　表 4-1-1

种　类		举　例	实　物	应 用 特 点
心轴	固定心轴	前轮轴　前叉 前轮轮毂 自行车前轴	这是自行车上的固定心轴	工作中承受弯矩，起支撑作用

续上表

种 类		举 例	实 物	应 用 特 点
心轴	转动心轴	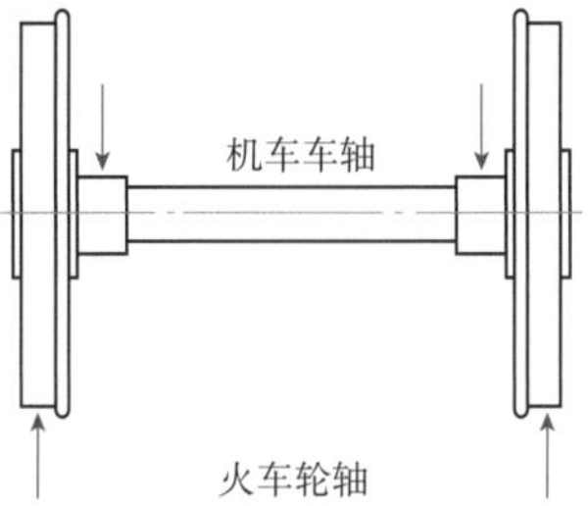 机车车轴 火车轮轴	 这是滚齿机上的心轴	工作中承受弯矩，起支撑作用
传动轴		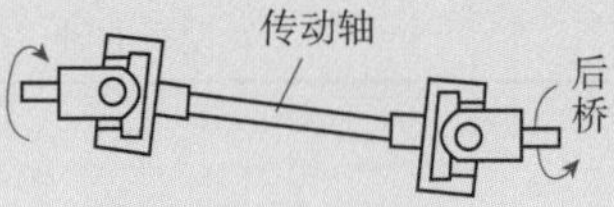 传动轴 后桥 汽车传动轴	 这是汽车上的传动轴	工作中只传递转矩而不承受弯矩或很小弯矩，仅起传递动力作用
转轴		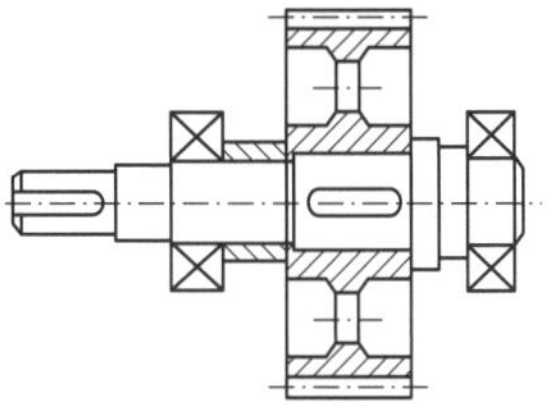 传动齿轮轴	 这是变速箱中的齿轮轴	工作中既承受弯矩又承受转矩，既起支撑作用，又起传递动力作用，是机器中最常见的一种轴

4.1.2　轴的材料

轴的材料常采用碳素钢和合金钢，具体应用如表 4-1-2 所示。

轴 常 用 材 料　　　　表 4-1-2

轴 的 材 料		特点及应用场合	热 处 理 工 艺	应 用 实 例
碳素钢	优质碳素结构钢	较高的综合力学性能，应用较多，如 45 钢	正火或调质	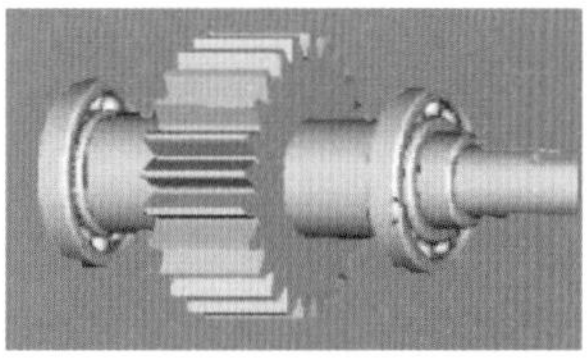 齿轮轴
	普通碳素结构钢	不重要或受力较小的轴，如 Q235 钢	正火	 心轴

续上表

轴 的 材 料	特点及应用场合	热 处 理 工 艺	应 用 实 例
合金钢	受力较大，轴向尺寸、质量受限制或者某些有特殊要求的轴，如 20Cr、20CrMmTi 等	调质或淬火或渗碳	滑动轴承的高速轴
铸铁	铸造性能好，且具有减振性能，适用于尺寸较大、结构复杂的轴	调质或淬火	发动机曲轴、凸轮轴

4.1.3　轴的结构

轴主要由轴颈、轴头、轴身三部分组成，见图 4-1-5。

轴颈：是被支撑的部分，也是与轴承相配合的部分。与滚动轴承相配合的轴颈，其直径必须符合轴承的内径标准。

轴头：是与零件轮毂相配合的部分。其直径与相配合的轮毂内径一致，且符合标准直径。

轴身：是连接轴头与轴颈的部分，可用自由尺寸。

在考虑轴的结构时，应满足以下三个要求：

（1）轴上零件要有可靠的轴向定位和周向定位。

（2）轴应便于加工。

（3）便于轴上零件的安装和拆卸。

4.1.4　轴上零件的固定

轴上零件的固定如图 4-1-6 所示，分轴上零件轴上固定和轴上零件周向固定两种类型。

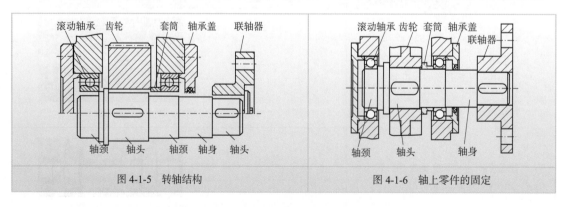

图 4-1-5　转轴结构　　　　　　　　　图 4-1-6　轴上零件的固定

轴上零件轴向固定的目的，是为了保证零件在轴上有确定的轴向位置，防止零件轴向移动，并能承受轴向力。

轴上零件周向固定的目的，是为了保证轴能可靠地传递运动和转矩，防止轴上零件与轴发生相对转动。

1）轴上零件的轴向固定

轴上零件的轴向固定常采用轴肩、套筒、螺母、轴端挡圈（又称压板）等形式，如表 4-1-3 所示。

轴上零件的轴向固定方法和应用   表 4-1-3

类　型	固 定 方 法 及 简 图	结 构 特 点 及 应 用
轴肩和轴环		结构简单，定位可靠，能承受较大的轴向力，应用广泛
定位套筒		结构简单，定位可靠，常用于轴上零件间距较短的中、低速运转的场合
轴用圆螺母		固定可靠，拆装方便，能承受较大的轴向力，但会使轴的强度降低。常用于轴上零件距离较大处或轴端零件的固定
轴端挡圈		结构简单，工作可靠，可承受剧烈振动和冲击，广泛应用于轴端零件的固定

2）轴上零件的周向固定

轴上零件的周向固定大多采用键、花键、销、紧定螺钉、过盈配合等连接形式，如表 4-1-4 所示。

轴上零件的周向固定方法和应用   表 4-1-4

类　型	简 图	结 构 特 点 及 应 用
平键		加工容易，装拆方便，不能承受轴向力。用于较高精度、高转速及受冲击及变荷载作用下的固定连接中，还可用于一般要求的导向连接中。齿轮、蜗轮、带轮与轴的连接常用此形式

续上表

类　型	简　图	结构特点及应用
花键		接触面积大，承载能力强，对中性和导向性好，工艺复杂，成本高。适用于荷载大，对定心精度要求较高的滑动连接和固定连接
销		轴向、周向都可以固定，过载时可被剪断，不能承受较大荷载，对轴的强度有削弱。适用于键连接难以保证轮毂和轴可靠固定的场合
紧定螺钉		紧定螺钉端部拧入轴上凹坑实现固定，不能承受较大荷载，对轴的强度有削弱。可同时起周向和轴向固定作用，适用于防止轴上零件偶尔的移动和转动的场合
过盈配合		对中精度高，可同时起周向和轴向固定作用，不适用于重载和经常装拆的场合

4.1.5　轴的结构工艺性

轴的结构工艺性是指轴的结构形式是否便于加工，是否便于轴上零件的装配和使用维修。一般来讲，轴的结构越简单，工艺性就越好。

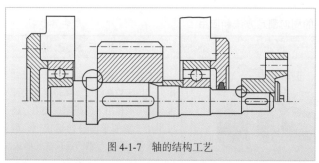

图 4-1-7　轴的结构工艺

（1）减少阶梯，减少台阶差。图 4-1-7 就是在保证可靠定位和加工便利的条件下合理使用的最少阶梯。

（2）结构尺寸尽量符合标准，尽量统一（直径、圆角半径、倒角、键槽、退刀槽、砂轮、越程槽等），如图 4-1-8a）、b）所示。

（3）保证轴上零件的可靠定位（轴上零件的轴向定位和周向定位见表 4-1-3、表 4-1-4）。

（4）端部倒角装拆方便（图 4-1-8c）。

（5）轴肩高度不能妨碍零件的拆卸（定位轴肩的高度必须低于轴承内圈端面高度），见图 4-1-7。

（6）轴的直径从轴端逐渐加大，中间大、两头小，两个以上的键槽槽宽应尽可能相同，并布置在同一母线上，以利于加工，如图 4-1-8d）所示。

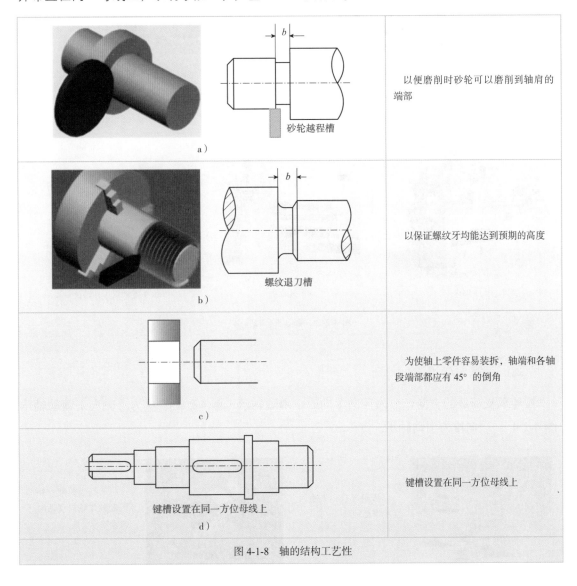

图 4-1-8　轴的结构工艺性

4.2　滑动轴承

滑动轴承是在滑动摩擦下工作的轴承，主要由滑动轴承座、轴瓦或轴套（整体式轴瓦）

组成。装有轴瓦或轴套的壳体称为滑动轴承座。滑动轴承工作平稳、可靠、无噪声，常应用在高速、高精度、重负、结构上有特殊要求的地方，如磨床主轴、轧钢机轧辊、发动机连杆轴瓦等，如图 4-2-1、图 4-2-2 所示。

图 4-2-1　滑动轴承

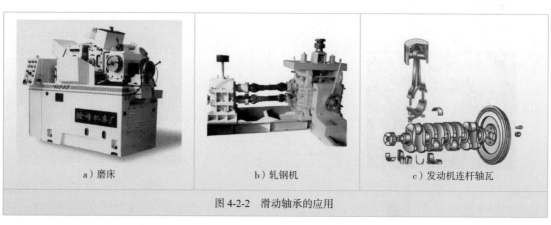

a）磨床　　　　　　　　　b）轧钢机　　　　　　　c）发动机连杆轴瓦

图 4-2-2　滑动轴承的应用

4.2.1　滑动轴承的分类

按能承受荷载的方向，分为径向（向心）滑动轴承（图 4-2-3）、推力（轴向）滑动轴承（图 4-2-4）、径向推力滑动轴承。

指承受径向荷载的滑动轴承

指承受轴向推力并限制轴作轴向移动的滑动轴承

图 4-2-3　径向（向心）滑动轴承　　　　　图 4-2-4　推力（轴向）滑动轴承

其中，径向（向心）滑动轴承按结构形式，又分为整体式滑动轴承（图 4-2-5）和对开式滑动轴承（图 4-2-6）。

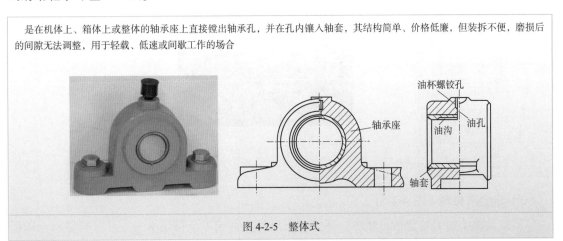

是在机体上、箱体上或整体的轴承座上直接镗出轴承孔，并在孔内镶入轴套，其结构简单、价格低廉，但装拆不便，磨损后的间隙无法调整，用于轻载、低速间歇工作的场合

图 4-2-5 整体式

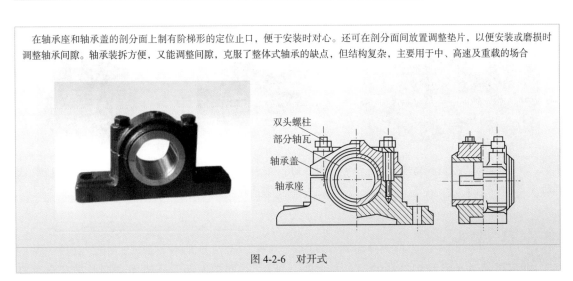

在轴承座和轴承盖的剖分面上制有阶梯形的定位止口，便于安装时对心。还可在剖分面间放置调整垫片，以便安装或磨损时调整轴承间隙。轴承装拆方便，又能调整间隙，克服了整体式轴承的缺点，但结构复杂，主要用于中、高速及重载的场合

图 4-2-6 对开式

推力滑动轴承由轴承座和止推轴颈组成，如图 4-2-7 所示。

4.2.2 轴承的材料

滑动轴承材料主要有金属材料、粉末冶金材料和非金属材料三种。

1）金属材料

金属材料主要包括轴承合金（图 4-2-8）和铜合金（图 4-2-9）。

铜合金分为青铜和黄铜两类，其减摩性和耐磨性最好，抗黏附能力强，强度和硬度较高，适用于中速或重载场合。

2）粉末冶金材料（图 4-2-10）

粉末冶金材料又称多孔质金属材料），是由铜、铁、石墨等粉末经压制、烧结而成的多孔隙轴瓦材料，可用于加油不方便的场合。

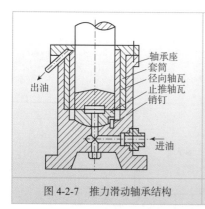

轴承座
套筒
径向轴瓦
止推轴瓦
销钉

出油

进油

轴承合金又称白合金，其耐磨性、塑性、跑合性、导热性、抗胶合性及与油的吸附性好，故适用于重载、高速的情况下，但轴承合金的强度较小，价格较贵

图 4-2-7　推力滑动轴承结构	图 4-2-8　轴承合金滑动轴承

3）非金属材料（图 4-2-11）

非金属滑动轴承有塑料、硬木、橡胶和石磨等，目前以塑料轴承为主，塑料轴承一般都是采用性能比较好的工程塑料制成。

图 4-2-9　铜合金滑动轴承	图 4-2-10　采用粉末冶金材料制作的滑动轴承	图 4-2-11　塑料滑动轴承

4.2.3　轴瓦

轴瓦是滑动轴承和轴接触的部分，也叫"轴衬"，非常光滑，一般用青铜、减摩合金等耐磨材料制成，在特殊情况下，可以用木材、塑料或橡皮制成。

1）轴瓦的类型

（1）按构造分为整体式（图 4-2-12）和剖分式（图 4-2-13）。

（2）按尺寸分为薄壁式（图 4-2-14）和厚壁式（图 4-2-15）。

（3）按材料分为单材料（图 4-2-16）和双材料（图 4-2-17）。

（4）按加工分为铸造（图 4-2-18）和卷制（图 4-2-19）。

2）轴瓦油孔和油沟

为了方便给轴承注入润滑油，在轴瓦上开有油孔和油沟，油沟形式如图 4-2-20 所示。油孔和油沟的开设原则如下：

（1）油沟的轴向长度应比轴瓦长度短，约为轴瓦长度的 80%，不能沿轴向完全开通，以免油从两端大量泄漏，影响承载能力。

整体式轴瓦需从轴端安装和拆卸，可修复性差。整体式轴承采用整体式轴瓦。整体式轴瓦又称为轴套

图 4-2-12 整体式轴瓦

剖分式轴瓦可以直接从轴的中部安装和拆卸，可修复。剖分式轴承采用剖分式轴瓦

图 4-2-13 剖分式轴瓦

薄壁式轴瓦节省材料，但刚度不足，故对轴承座孔的加工精度要求高

图 4-2-14 薄壁式轴瓦

厚壁式轴瓦具有足够的强度和刚度，可降低对轴承座孔的加工精度要求

图 4-2-15 厚壁式轴瓦

强度足够的材料可以直接做成轴瓦，如黄铜

图 4-2-16 单材料轴瓦

轴瓦衬强度不足，可采用两种材料制作

图 4-2-17 双材料轴瓦

图 4-2-18 铸造轴瓦

铸造轴瓦铸造工艺性好，单件、大批生产均可，适用于厚壁式轴瓦

图 4-2-19 卷制轴套

卷制轴套只适用于薄壁式大轴瓦，具有很高的生产率

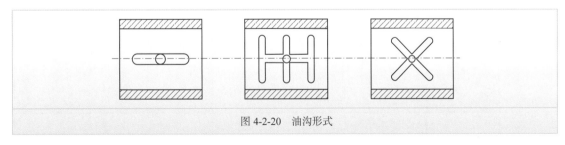

图 4-2-20 油沟形式

（2）油孔和油沟应开在非承载区，以保证承载区油膜的连续性。

4.2.4 滑动轴承的润滑

滑动轴承润滑的目的是减小摩擦，提高机械效率，减轻磨损，延长机械的使用寿命。此外，还可起到冷却、防尘以及吸振等作用。润滑剂通常有润滑油和润滑脂两类。

滑动轴承的润滑方式有间歇润滑和连续润滑两大类。常见的润滑装置如表 4-2-1 所示。

常用滑动轴承的润滑方式及装置 　　　　　　　　表 4-2-1

润滑方式	装 置 示 意 图		特 点
间歇润滑	针阀式注油	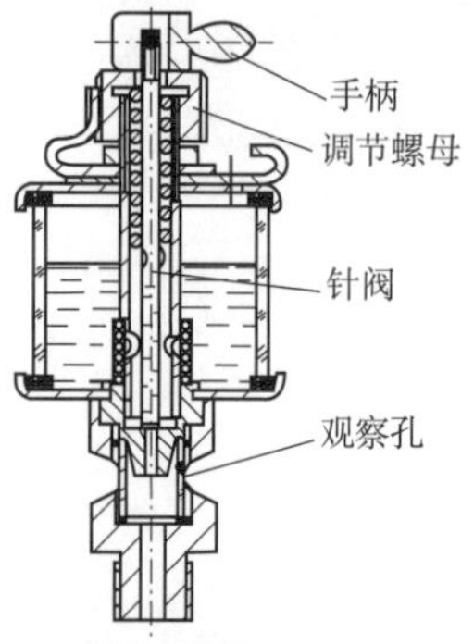 手柄 调节螺母 针阀 观察孔	用于油润滑。手柄置于垂直位置，针阀上升，油孔打开供油；手柄置于水平位置，针阀下降，停止供油。旋动螺母可调节注油量的大小
	旋套式油杯	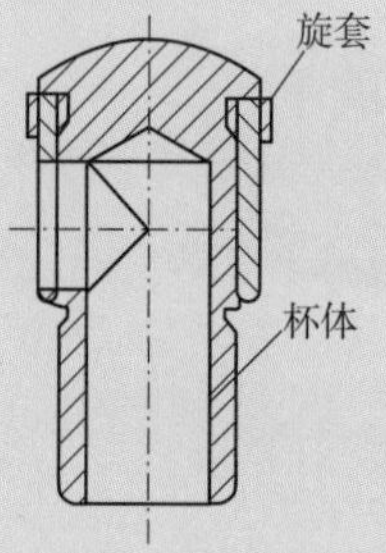 旋套 杯体	用于油润滑。转动旋套，当旋套孔与杯体注油孔对正时，可用油壶或油枪注油
	压配式油杯	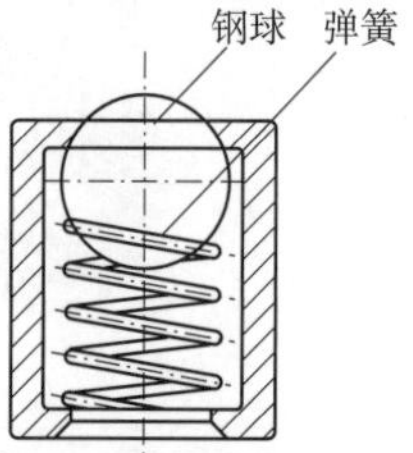 钢球　弹簧	用于油润滑或脂润滑。将钢球压下可润滑。不注油时，钢球在弹簧的作用下，使杯体注油孔封闭
	黄油杯	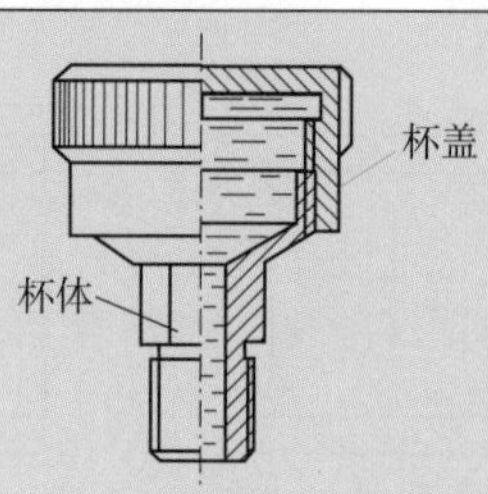 杯盖 杯体	用于脂润滑。杯盖与杯体采用螺纹连接，在杯体和杯盖中都装满润滑脂，定期旋转杯盖，可将润滑脂挤入轴承内
连续润滑	芯捻润滑	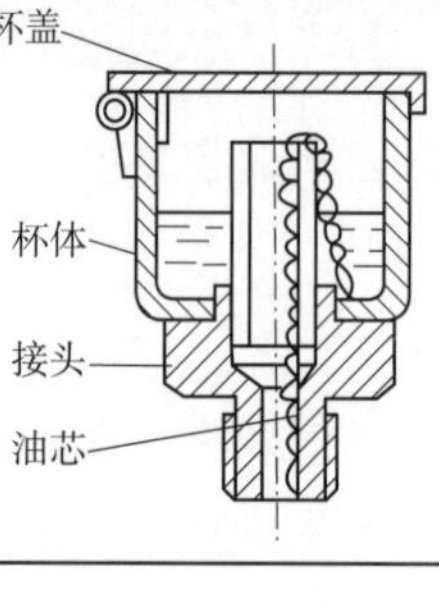 杯盖 杯体 接头 油芯	用于油润滑。杯体中储存润滑油，靠芯捻的作用实现连续润滑，适用于轻载及轴颈转速不高的场合

润滑方式	装 置 示 意 图		特 点
连续润滑	油环润滑	油环 轴颈 轴瓦	用于油润滑。轴旋转时，靠摩擦力带动油环转动，浸油部分带动润滑油至轴颈处进行润滑。结构简单，但轴的转速要适当才能充足供油
	压力循环润滑	油泵 油箱	用于油润滑。利用油泵将压力润滑油送入轴承进行润滑。结构复杂，成本高，适用于大型、重载、高速、精密自动化设备
	浸油润滑	油池	用于油润滑。将部分轴承直接浸入油中以实现润滑，适用于中、低速场合

4.3　滚动轴承

滚动轴承（图 4-3-1）是将运转的轴与轴座之间的滑动摩擦变为滚动摩擦，从而减少摩擦损失的一种精密的机械元件。轴承性能的好坏直接影响机器的使用性能，滚动轴承应用很广（图 4-3-2），是机器的重要组成部分。

a）滚动轴承在海上钻井平台上的应用　　b）滚动轴承在减速器中的应用

图 4-3-1　滚动轴承　　　　　　图 4-3-2　滚动轴承的应用

4.3.1　滚动轴承的结构及特点

滚动轴承通常由外圈、内圈、滚动体和保持架组成，如图 4-3-3 所示。

滚动轴承的结构形式有很多，其工作特性也不同。滚动轴承的接触角、游隙和角偏差是表征轴承工作性能的三个要素。

（1）接触角

滚动体与外圈（或松圈）滚道接触点的法线与轴承径向平面的夹角，称为滚动轴承的公称接触角，如图 4-3-4 所示。

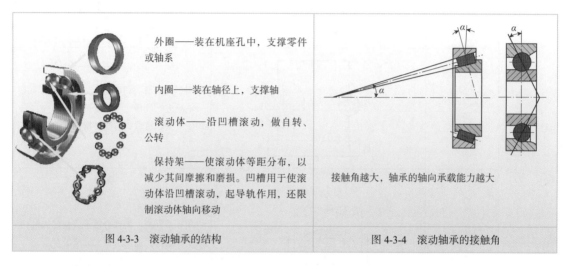

外圈——装在机座孔中，支撑零件或轴系

内圈——装在轴径上，支撑轴

滚动体——沿凹槽滚动，做自转、公转

保持架——使滚动体等距分布，以减少其间摩擦和磨损。凹槽用于使滚动体沿凹槽滚动，起导轨作用，还限制滚动体轴向移动

图 4-3-3　滚动轴承的结构

接触角越大，轴承的轴向承载能力越大

图 4-3-4　滚动轴承的接触角

（2）游隙

轴承内圈相对于外圈移动量的最大值称为轴承的游隙；沿径向的最大移动量称为径向游隙，而沿轴向的最大移动量称为轴向游隙，如图 4-3-5 所示。

（3）角偏差

由于轴的翘曲变形引起轴承内外圈相对倾斜时，两轴线间的夹角称为角偏差，如图 4-3-6 所示。

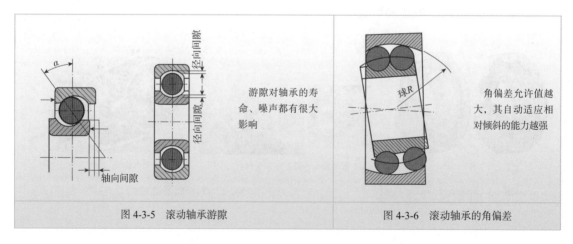

游隙对轴承的寿命、噪声都有很大影响

图 4-3-5　滚动轴承游隙

球 R

角偏差允许值越大，其自动适应相对倾斜的能力越强

图 4-3-6　滚动轴承的角偏差

4.3.2　滚动轴承类型

滚动轴承类型很多，可进行如图 4-3-7 所示的分类。

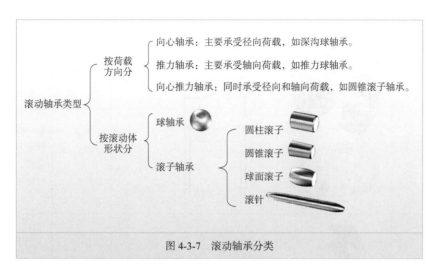

图 4-3-7　滚动轴承分类

常用滚动轴承的类型和特性见表 4-3-1。

滚动轴承的主要类型和特性　　　　　　　　　　　　　　表 4-3-1

型号及代号	结　构　图	简图及承载方向	极限转速	主要特性及应用
调心球轴承 1000			中	主要承受径向荷载，同时也能承受少量轴向荷载
圆锥滚子轴承 3000			中	能同时承受较大的径向、轴向联合荷载。因线性接触，承载能力大，内外圈可分离，装拆方便，成对使用
推力球轴承 5000			低	只能承受轴向荷载，且作用线必须与轴线重合。球与保持架摩擦发热严重，寿命较低，可用于轴向荷载大、转速不高之处

型号及代号	结 构 图	简图及承载方向	极限转速	主要特性及应用
深沟球轴承 6000			高	能同时承受较大的径向、轴向联合荷载。因线性接触，承载能力大，内外圈可分离，装拆方便，成对使用
角接触球轴承 7000			较高	能同时承受较大的径向、轴向联合荷载。α角大，承载能力越大，有三种规格，成对使用
滚针轴承 NA			低	只能承受径向荷载。承载能力大，径向尺寸特小。一般无保持架，因而滚针间有摩擦，极限转速低

4.3.3 滚动轴承代号

为了便于选用和生产，国标《滚动轴承　代号方法》(GB/T 272—1993)规定滚动轴承代号由基本代号、前置代号和后置代号三部分组成，用字母和数字表示，如表 4-3-2 所示。其中，基本代号是轴承代号的核心。

滚 动 轴 承 代 号　　　　　　　表 4-3-2

前置代号	基 本 代 号					后 置 代 号							
	1	2		3	4	5	1	2	3	4	5	6	7	8
轴承分部件代号	类型代号	尺寸系列代号			内径代号		内部结构代号	密封和防尘结构代号	保持架及材料代号	特殊轴承材料代号	公差等级代号	游隙代号	多轴承配置代号	其他代号
		宽度系列代号	直径系列代号											

1）基本代号

基本代号表示轴承的基本类型、结构和尺寸，是轴承代号的基础。其包括轴承类型代号、尺寸系列代号和内径代号三部分。

（1）轴承类型代号

轴承类型代号用基本代号左起第一位数字表示，常用滚动轴承类型代号，如表4-3-3所示。

滚动轴承类型代号　　　　　　　　　　　　　　　　　　　　　　表4-3-3

代　号	轴 承 类 型	代　号	轴 承 类 型
0	双列角接触球轴承	5	推力球轴承
1	调心球轴承	6	深沟球轴承
2	调心滚子轴承和推力调心滚子轴承	7	角接触球轴承
3	圆锥滚子轴承	8	推力圆柱滚子轴承
4	双列深沟球轴承	N	圆柱滚子轴承（双列或多列用字母NN表示）

（2）尺寸系列代号

尺寸系列代号由左起第二、三位数字组成，前一位代表宽度系列或高度系列，后一位代表直径系列，如图4-3-8所示。其中宽度系列或高度系列代号表示内、外径相同而宽度不同的轴承系列，直径系列代号表示内径相同而外径不同的轴承系列。

当宽（高）度系列代号为0时，代号中可以不标出0，但调心滚子轴承和圆锥滚子轴承的宽度系列代号应标出。

（3）内径代号

轴承内径用左起第四、五位数字表示。内径代号为04~96时，代号乘以5即为内径尺寸。轴承内径表示方法如表4-3-4所示。

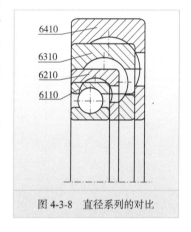

图4-3-8　直径系列的对比

轴 承 内 径 代 号　　　　　　　　　　　　　　　　　　　表4-3-4

内径代号	00	01	02	03	04~96
轴承内径（mm）	10	12	15	17	代号×5

注：内径为22mm、28mm、32mm及大于500mm的轴承，内径代号用内径毫米数表示，用"/"在分母上直接表示，如62/22表示内径尺寸 d=22mm。

2）前置代号和后置代号

后置代号用字母和数字表示轴承的结构、公差、游隙及材料的特殊要求等。

（1）内部结构代号

内部结构代号表示同一轴承的不同内部结构，角接触球轴承的公称接触角为15°、25°、

45°时分别用 C、AC 和 B 表示。

（2）轴承的公差等级

轴承的公差等级分为六级，其代号用"/P+ 数字"表示，数字代表公差等级，见表 4-3-5。

公 差 等 级 代 号 表 4-3-5

代号	/P2	/P4	/P5	/P6	/P6X	/P0
公差等级	2	4	5	6	6X	0

（3）轴承的游隙

其代号用"/C+ 数字"表示，数字为游隙组号。游隙组有 1、2、0、3、4、5 六组，游隙量按序由小到大。0 组为基本游隙，可省略不标。

3）滚动轴承代号示例

滚动轴承代号表示方法举例如下。

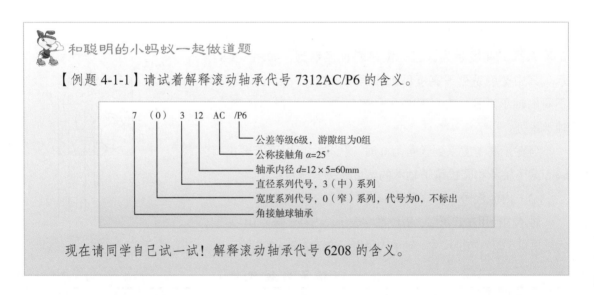

和聪明的小蚂蚁一起做道题

【例题 4-1-1】请试着解释滚动轴承代号 7312AC/P6 的含义。

现在请同学自己试一试！解释滚动轴承代号 6208 的含义。

4.3.4　滚动轴承的失效形式及常用材料

1）滚动轴承失效形式

滚动轴承的失效形式主要有疲劳点蚀、塑性变形、磨粒磨损和胶合等。

（1）疲劳点蚀

滚动轴承工作过程中，滚动体和内、外圈滚道分别受到脉动循环交变应力的作用。在荷载的反复作用下，首先在表面下一定深度处产生疲劳裂纹，继而扩展到接触表面，形成疲劳点蚀，如图 4-3-9 所示，使轴承不能正常工作。通常，疲劳点蚀是滚动轴承的主要失效形式。

（2）塑性变形

当轴承转速很低或间歇摆动时，一般不会产生疲劳破坏。但在很大的静荷载或冲击荷载作用下，会使轴承滚道和滚动体接触处产生永久变形（滚道表面形成塑性变形凹坑），如图 4-3-10 所示，而使轴承在运转中产生剧烈振动和噪声，运转精度下降，以至轴承不能正常工作。

图 4-3-9　疲劳点蚀　　　　　　　　　图 4-3-10　塑性变形

（3）磨粒磨损

滚动轴承在密封不可靠以及多尘的运转条件下工作时，容易发生磨粒磨损，如图 4-3-11 所示。

（4）胶合及元件破裂

通常在滚动体和套圈之间，特别是滚动体和保持架之间有滑动摩擦，如果润滑不充分，发热严重，可能使滚动体回火，甚至产生胶合现象（图 4-3-12）。转速越高，发热越大，发生胶合的可能性就越高。

由于外加荷载超过轴承零件材料的强度极限，造成的轴承零件断裂称为过载断裂，见图 4-3-13。轴承断裂的主要原因是过载和缺陷两大因素。

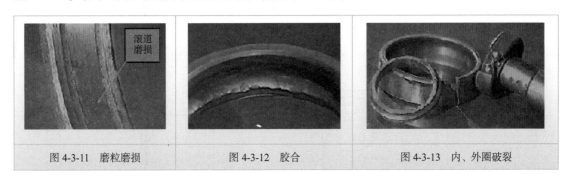

图 4-3-11　磨粒磨损　　　　　图 4-3-12　胶合　　　　　图 4-3-13　内、外圈破裂

2）常用滚动轴承材料

滚动轴承的内、外圈和滚动体是用滚动轴承钢（GCr15 等）制造，并径淬火处理，硬度达到 60~65 HRC，表面进行磨削和抛光，如图 4-3-14 所示。轴承元件都经过 150℃ 的回火处理，通常轴承工作温度不高于 120℃，所以轴承元件的硬度不会下降。

轴承保持架一般用低碳钢冲压而成，也有用青铜、石墨或塑料制成。

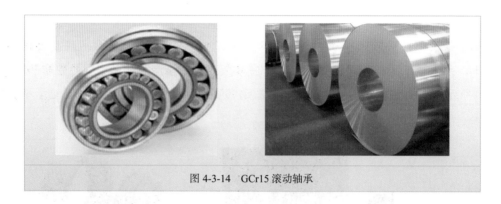

图 4-3-14 GCr15 滚动轴承

4.3.5 滚动轴承的轴系结构

滚动轴承轴系结构的主要考虑因素，有轴系的固定、轴承与相关零件的配合、轴承的润滑与密封、轴系的刚度。

1）滚动轴承配置

轴系在机器中必须有确定的位置，以保证工作中不能发生轴向窜动，但同时要补偿轴的热伸长，且应允许在适当的范围内有微小的自由伸缩。常用的轴承配置有以下三种。

（1）两端固定式支承（双支点单向固定）

当轴的跨距较小，工作温度不高时，常采用双支点单向固定的结构形式，两端的轴承各限制一个方向的轴向移动，如图 4-3-15 所示。

为了补偿轴的受热伸长，轴承安装时，某一端的外圈和端盖间留有轴向补偿间隙 a（一般取 $a=0.25\sim0.4$mm）。

当采用角接触球轴承或圆锥滚子轴承时，轴的热伸长由轴承自身的游隙补偿。通常用一组垫片来调节，见图 4-3-16。

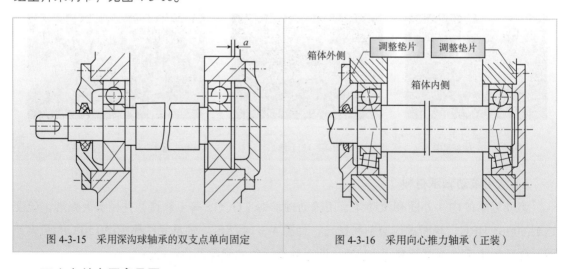

图 4-3-15 采用深沟球轴承的双支点单向固定　　　图 4-3-16 采用向心推力轴承（正装）

双支点单向固定见图 4-3-17。

（2）一端固定一端游动支承（单支点双向固定）

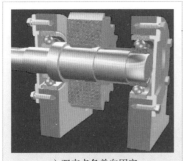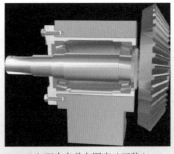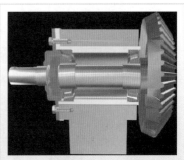

| a）双支点各单向固定 | b）双支点单向固定（正装） | c）双支点单向固定（反装） |

图 4-3-17 双支点单向固定

当轴的跨距较大，工作温度较高时，常采用单支点双向固定的结构形式，轴系的一端限制两个方向的轴向移动，游动端内圈可采用圆螺母与轴肩作轴向固定，见图 4-3-18。

单支点双向固定见图 4-3-19。

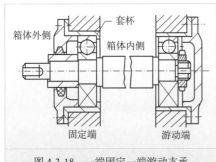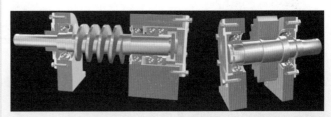

图 4-3-18 一端固定一端游动支承　　　　图 4-3-19 单支点双向固定

（3）两端游动支承

对于人字齿轮轴，由于人字齿轮本身的相互限位作用，它们的轴承内外圈的轴向紧固应设计成只保证其中一根轴相对机座有固定的轴向位置，而另一根轴上的两个轴承都必须是游动的，以防止齿轮卡死或人字齿的两侧受力不均匀，如图 4-3-20 所示。

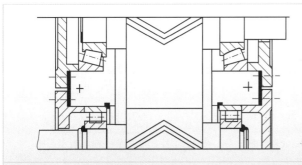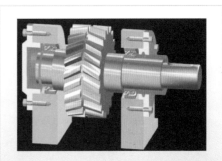

图 4-3-20 两端游动支承

2）滚动轴承的轴向固定

滚动轴承在安装时，对其内外圈都要进行必要的轴向固定，以防止运转中产生轴向窜动。

（1）轴承内圈在轴上的轴向固定方法

轴承内圈在轴上的轴向固定方法应根据所受轴向荷载的情况，适当选用轴端挡圈、圆螺母或轴用弹性挡圈等结构，见图 4-3-21。

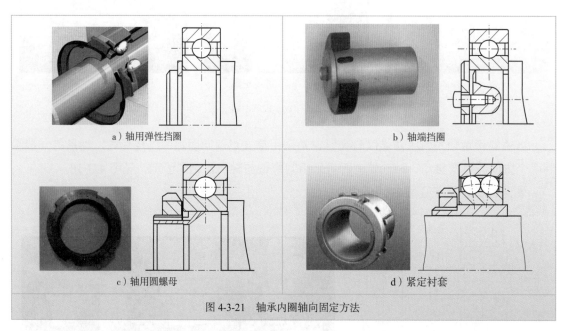

a）轴用弹性挡圈　　　　　　　　　　b）轴端挡圈

c）轴用圆螺母　　　　　　　　　　d）紧定衬套

图 4-3-21　轴承内圈轴向固定方法

（2）轴承外圈在轴承孔内的轴向固定方法

轴承外圈在轴承孔内的轴向固定方法可采用轴承盖或孔用弹簧挡圈等结构，见图 4-3-22。

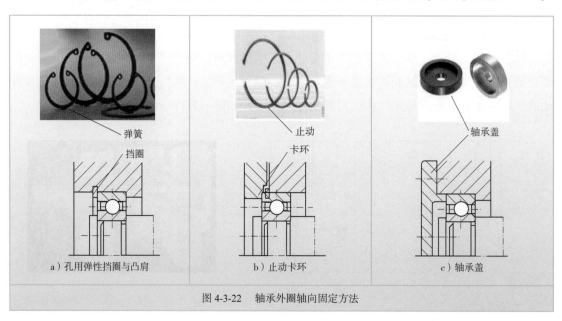

弹簧
挡圈

止动
卡环

轴承盖

a）孔用弹性挡圈与凸肩　　　　　b）止动卡环　　　　　c）轴承盖

图 4-3-22　轴承外圈轴向固定方法

3）滚动轴承的润滑

润滑的目的是降低摩擦阻力、减轻磨损，同时润滑还有降低滚动体与座圈滚道的接触应力、散热、吸振、减低噪声和防锈等作用。润滑剂的分类如图4-3-23所示。

（1）脂润滑

强度高，能承受较大的荷载，应用在中、低速场合。润滑脂在轴承中的填入量一般应不超过轴承空间的1/3~1/2，如图4-3-24所示。

| 图 4-3-23 润滑剂的分类 | 图 4-3-24 脂润滑 |

（2）油润滑

油润滑的润滑和冷却效果好，可以用在高速的场合。常用的油润滑方式有油浴润滑（图4-3-25）、油雾润滑（图4-3-26）、飞溅润滑（图4-3-27）及喷油润滑等。

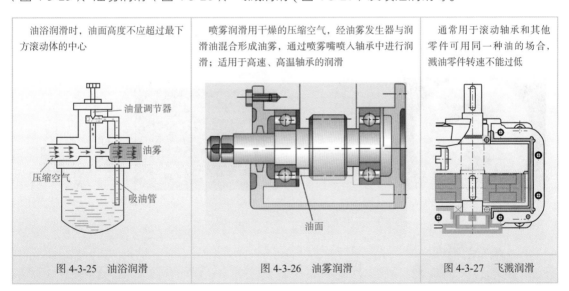

| 图 4-3-25 油浴润滑 | 图 4-3-26 油雾润滑 | 图 4-3-27 飞溅润滑 |

4）滚动轴承的密封

密封的目的是防止灰尘、水分进入轴承，阻止润滑剂流失。滚动轴承密封方式的选择与润滑的种类、工作环境、温度、密封表面的圆周速度有关。常用的密封类型如图4-3-28所示。

接触式密封——适用于低速场合。

非接触式密封——与轴不直接接触，适用于高速场合。

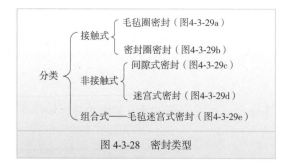

图 4-3-28　密封类型

组合式密封——采用两种以上的密封形式组合在一起，密封效果好。

5）滚动轴承的拆装

滚动轴承的安装方法有手锤套管打入法、压入法和温差法等，如图 4-3-30 所示。拆卸方法有手锤套管敲击法和轴承拆卸器拆卸法等，如图 4-3-31 所示。

轴承盖上梯形凹槽内放置矩形剖面细毛毡。$v<4\sim5m/s$，用于脂润滑场合

 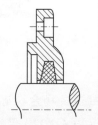

a）毛毡圈密封

耐油橡胶制唇形密封圈靠弹性压紧在轴上，通常有 J 形、Y 形和 O 形，适用于油润滑，$v<12m/s$，应用非常广泛

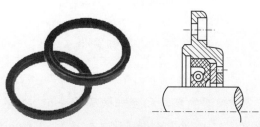

b）密封圈密封

间隙式密封也称为油沟密封，轴与轴承盖之间间隙为 0.1～0.3mm，盖上车削加工出沟槽，槽内充满润滑脂，结构简单，适于 $v<5\sim6m/s$ 的场合

 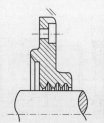

c）间隙式密封

将旋转和固定的密封零件间的间隙制成曲路形式，缝隙间填入润滑脂，润滑效果好，$v<30m/s$，适用于油润滑和脂润滑

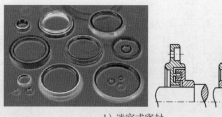

d）迷宫式密封

e）组合式密封

采用两种以上的密封形式组合在一起，密封的效果更好。图示为迷宫式密封和毛毡圈密封组合在一起的组合式密封

图 4-3-29　滚动轴承密封

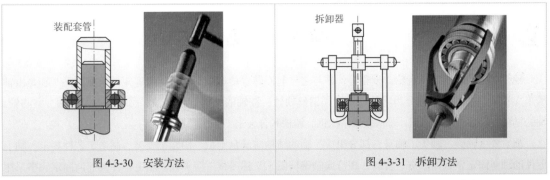

| 图 4-3-30 安装方法 | 图 4-3-31 拆卸方法 |

拓 展 阅 读

轴承的历史

早期的直线运动轴承形式，就是在撬板下放置木杆。这个技术可以追溯到修建吉萨大金字塔的时候

吉萨大金字塔

直线运动轴承

1883年，弗里德里希·费舍尔提出了使用合适的生产机器磨制大小相同、圆度准确的钢球的主张。这奠定了创建独立的轴承工业的基础

旋转轴承

轴承工业

天文简历

球轴承

1279年，中国的郭守敬创造了的天文简仪，其作用与现代推力滚子轴承相似

在意大利奈米湖发现的一艘古罗马船只上，发现了早期的球轴承实例。这个木制球轴承是用来支撑旋转桌面的。第一个关于球沟道的专利是卡马森的菲利普·沃恩在1794年获得的

古罗马沉船

单 元 小 结

　　轴是支承转动零件（齿轮、带轮等）并与之一起回转以传递运动、扭矩或弯矩的机械零件。轴是由轴承来支撑的。按轴线形状分为直轴、曲轴、钢丝软轴，按轴的结构分为光轴、阶梯轴、实心轴、空心轴。轴的材料有优质碳素结构钢、普通碳素结构钢、铸铁和合金钢，应用各异。

　　轴主要由轴颈、轴头、轴身三部分组成。轴的结构应满足定位、固定、安装、制造工艺性要求。轴上零件的轴向固定常采用轴肩、套筒、螺母或轴端挡圈（又称压板）等形式。轴上零件的周向固定大多采用键、花键或过盈配合等连接形式。

　　滑动轴承应用在高速、高精度、重负、结构上有特殊要求的地方。按承受荷载的方向，分为径向（向心）滑动轴承、推力（轴向）滑动轴承和径向推力滑动轴承三种。按轴系和拆装要求，分为整体式和对开式。滑动轴承的材料有金属材料、粉末冶金材料和非金属材料等，具有减摩性、耐磨性、抗胶黏等性能。滑动轴承的润滑方式有间歇润滑和连续润滑两大类。

　　滚动轴承已标准化，其基本代号由类型代号、尺寸系列代号、内径代号组成。滚动轴承通常由外圈、内圈、滚动体和保持架组成。滚动轴承的失效形式主要有疲劳点蚀、塑性变形、磨粒磨损和胶合等。常用的轴承配置有两端固定式支承、一端固定一端游动支承和两端游动支承三种形式。

练 习 题

4-1　按照轴线位置，轴可以分为_____、_____和_____三类。按照承受荷载来分，轴可以分为_____、_____和_____三类。

4-2　轴可以分为_____、_____和_____三部分。

4-3　根据所承受的荷载方向的不同，滑动轴承有_____滑动轴承、_____滑动轴承和滑动轴承等主要形式。

4-4　滑动轴承主要由_____、_____或轴套（整体式轴瓦）组成。

4-5　滚动轴承主要由_____、_____、_____和_____四部分组成。

4-6　滚动轴承代号由_____、_____和_____组成。

4-7　滚动轴承的密封方法有_____、_____和_____三类。

4-8　下列各轴中，_____是转轴，_____是心轴。
　　A. 自行车前轮轴　　　　　　　B. 减速器中的齿轮轴
　　C. 汽车的传动轴　　　　　　　D. 铁路车辆的轴

4-9　下列各轴中_____是传动轴。
　　A. 带轮轴　　　　　　　　　　B. 蜗轮轴
　　C. 链轮轴　　　　　　　　　　D. 汽车变速器与后桥之间的轴

4-10　轴肩与轴环的作用是_____。

    A. 对零件轴向定位和固定　　　　　　　B. 对零件进行周向固定

    C. 使轴外形美观　　　　　　　　　　　D. 有利于轴的加工

4-11　增大阶梯轴圆角半径的主要目的是_____。

    A. 使零件的轴向定位可靠　　　　　　　B. 使轴加工方便

    C. 降低应力集中，提高轴的疲劳强度　　D. 外形美观

4-12　如图所示套装在轴上的各个零件中，_____零件的右端是靠轴肩来实现轴向定位的。

    A. 齿轮　　　　　　　　B. 左轴承　　　　　　　　C. 右轴承

4-13　说明轴承代号 7209AC、61206 的意义。

4-14　指出简图中轴的结构设计有哪些不合理之处。

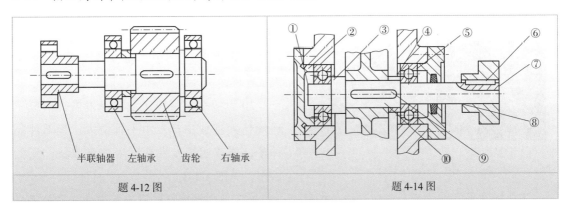

| 题 4-12 图 | 题 4-14 图 |

4-15　减速器的从动轴，从结构上看，由哪三部分组成？简单叙述每个组成部分分别和哪类零件相配合。

单元 5 机械零件的精度与技术测量

5.1 极限与配合

5.1.1 互换性与标准化

在中国，战国时期（公元前 476~ 前 222）生产的兵器便符合互换性要求。西安秦始皇陵兵马俑坑出土的弩机（当时一种远射程的弓箭），其组成零件具有互换性。这些青铜制品零件的圆柱销和销孔已能保证一定的间隙配合，见图 5-1-1。

18 世纪初，美国批量生产的火枪实现了零件互换（图 5-1-2）。随着织布机、缝纫机和自行车等新的机械产品大批量生产的需要，又出现了高精度工具和机床，促使互换性生产由军火工业迅速扩大到一般机械制造业。

20 世纪初，汽车工业迅速发展，形成了现代化大工业生产，由于批量大、零部件品种多，要求组织专业化集中生产以及广泛的协作，见图 5-1-3。

图 5-1-1 弩机

工业标准是实现生产专业化与协作的基础。机械工业中最重要的基础标准之一是公差与配合标准。

图 5-1-2 战争中使用的加特林机枪

图 5-1-3 大批量生产的汽车零件

1）互换性

互换性是指在机械和仪器制造工业中，同一规格的一批零件或部件中，任取其一，不需任何挑选或附加修配（如钳工修理）就能装在机器上，达到规定的性能要求，见图 5-1-4。

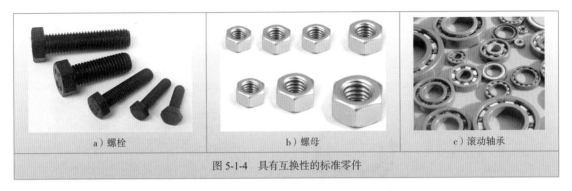

| a）螺栓 | b）螺母 | c）滚动轴承 |

图 5-1-4　具有互换性的标准零件

在设计时，采用互换性设计和生产标准的零件、部件，可以简化绘图、计算等工作，缩短设计周期，便于用计算机辅助设计，见图 5-1-5。

在制造时，互换性有利于组织优质高效的专业化生产，提高产量，保证质量，显著降低生产成本，见图 5-1-6。

在装配时，采用互利性设计和生产标准的零件、部件，不需辅助加工和修配，可以减轻工人劳动强度，缩短装配周期，方便采

图 5-1-5　各类紧定螺钉

用流水作业方式或者自动装配，从而大大提高生产效率，见图 5-1-7。

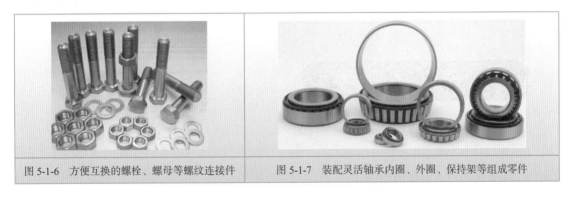

图 5-1-6　方便互换的螺栓、螺母等螺纹连接件　　图 5-1-7　装配灵活轴承内圈、外圈、保持架等组成零件

2）标准化

标准化是指编制、发布及实施标准的过程。它是实现互换性生产的前提。技术标准按照适用范围分为国际标准化组织标准（ISO）、国家标准（GB）、行业标准（JB、HG、YB、TB）。

5.1.2　尺寸精度

1）孔和轴

（1）孔：主要指圆柱体的内表面，也包括其他内表面中由某一单一尺寸确定的部分，

如图 5-1-8 所示。

特点：

①加工时，随着材料减小，孔尺寸增大。

②装配时，孔是包容面，见图 5-1-9。

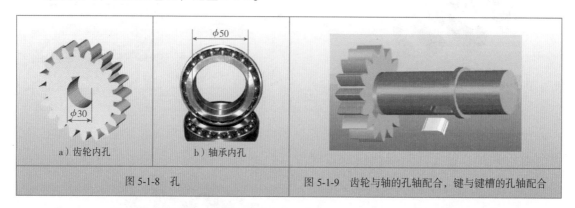

a）齿轮内孔	b）轴承内孔	
图 5-1-8　孔		图 5-1-9　齿轮与轴的孔轴配合，键与键槽的孔轴配合

（2）轴：主要指圆柱体的外表面，也包括其他外表面中由某一单一尺寸确定的部分，如图 5-1-10 所示。

特点：

①加工时，随着材料减小，轴尺寸减小。

②装配时，轴是被包容面。

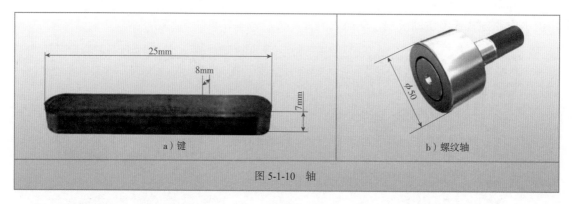

a）键	b）螺纹轴
图 5-1-10　轴	

2）与零件的尺寸有关的概念

（1）尺寸：用特定单位表示长度值（直径、半径、宽度、深度、中心距）的数值。如图 5-1-8 中齿轮内孔直径 30mm、轴承内孔直径 50mm；图 5-1-10 中键宽 8mm、高 7mm、长 25mm，轴外径 50mm。

（2）公称尺寸：指图纸上标注的，通过强度、刚度结构和工艺方面的要求后确定的尺寸。孔用大写字母 L 表示，轴用小写字母 l 表示。相互配合的孔和轴的公称尺寸相同。如图 5-1-11 中键槽孔尺寸 L_1 与相互配合的键尺寸 l_1 中的公称尺寸相同，齿轮内孔尺寸 L_2 和相互配合的轴颈尺寸 l_2 中的公称尺寸相同。

（3）实际尺寸：指通过测量所得的尺寸。由于存在加工误差和测量误差，所以实际尺寸并非尺寸的真实值。孔用 L_a 表示，轴用 l_a 表示。

（4）极限尺寸：指允许尺寸变化的两个界限值。允许达到的最大尺寸称为上极限尺寸，允许达到的最小尺寸称为下极限尺寸。孔分别用 L_{max} 和 L_{min} 表示，轴分别用 l_{max} 和 l_{min} 表示。

在一般情况下，零件的合格条件是实际尺寸均不得超出上极限尺寸和下极限尺寸。

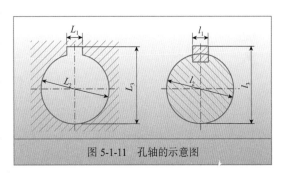

图5-1-11 孔轴的示意图

 零件的合格条件

孔：$L_{max} \geqslant L_a \geqslant L_{min}$

轴：$l_{max} \geqslant l_a \geqslant l_{min}$

【例题5-1-1】勤劳的小蚂蚁加工了三个圆柱销，图纸要求允许的上极限尺寸是12.075mm，下极限尺寸是12.040mm，师傅检查，发现销一的实际尺寸 l_{a1} 是12.080mm，销二的实际尺寸 l_{a2} 是12.050mm，销三的实际尺寸 l_{a3} 是12.030mm，那么，你帮它想一想：小蚂蚁加工的这三个销合格吗（图5-1-12）？

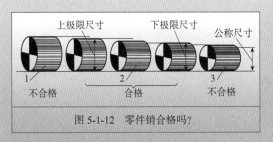

图5-1-12 零件销合格吗？

解：因 $l_{a1} > l_{max}$ 所以销一不合格，但是可以继续加工；

因 $l_{max} > l_{a2} > l_{min}$，所以销二合格；

因 $l_{a3} < l_{min}$，所以销三不合格，并且报废了。

3）偏差与公差

（1）极限偏差（简称偏差）

极限尺寸减其公称尺寸所得的代数差称为极限偏差。它包含上极限偏差和下极限偏差，可能是正、负或零。

上极限偏差（ES、es）：上极限尺寸减其公称尺寸所得的代数差称为上极限偏差。

下极限偏差（EI、ei）：下极限尺寸减其公称尺寸所得的代数差称为下极限偏差。

$$孔的上极限偏差\ ES=L_{max}-L \tag{5-1-1}$$
$$孔的下极限偏差\ EI=L_{min}-L \tag{5-1-2}$$
$$轴的上极限偏差\ es=l_{max}-l \tag{5-1-3}$$
$$轴的下极限偏差\ ei=l_{min}-l \tag{5-1-4}$$

正确标注：公称尺寸 $^{上极限偏差}_{下极限偏差}$

其中，上极限偏差 > 下极限偏差。

 师傅给了勤劳的小蚂蚁两张零件图（图 5-1-13），请你帮它看一下

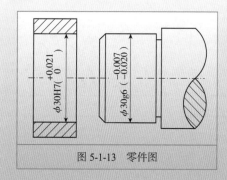

图 5-1-13　零件图

【例题 5-1-2】孔的上极限偏差和下极限偏差各是多少呢？轴的上极限偏差和下极限偏差各是多少呢？

解：$\begin{cases} 孔的上偏差\ ES=+0.021\text{mm} \\ 孔的下偏差\ EI=0 \end{cases}$

$\begin{cases} 轴的上偏差\ es=-0.007\text{mm} \\ 轴的下偏差\ ei=-0.020\text{mm} \end{cases}$

 勤劳的小蚂蚁按照图 5-1-13 加工零件，请你帮它算一下

【例题 5-1-3】允许的上极限尺寸和下极限尺寸各是多少呢？

解：孔 $\begin{cases} 因\ ES=L_{max}-L,\ 所以\ L_{max}=L+ES=30.000+(+0.021)=30.021\text{mm} \\ 因\ EI=L_{min}-L,\ 所以\ L_{min}=L+EI=30.000+0=30.000\text{mm} \end{cases}$

轴 $\begin{cases} 因\ es=l_{max}-l,\ 所以\ l_{max}=l+es=30.000+(-0.007)=29.993\text{mm} \\ 因\ ei=l_{min}-l,\ 所以\ l_{min}=l+ei=30.000+(-0.020)=29.980\text{mm} \end{cases}$

（2）尺寸公差（T_H，T_S）

尺寸公差（简称公差）是允许尺寸的变动量，是上极限尺寸减下极限尺寸之差，或是上极限偏差减下极限偏差，即：

孔公差 $\quad\quad\quad\quad\quad\quad T_H=L_{max}-L_{min}=ES-EI$ （5-1-5）

轴公差 $\quad\quad\quad\quad\quad\quad T_S=l_{max}-l_{min}=es-ei$ （5-1-6）

 师傅又问勤劳的小蚂蚁

【例题 5-1-4】图 5-1-13 中，孔轴各自的公差分别是多少呢？

解：孔公差 $\quad T_H=L_{max}-L_{min}=ES-EI=+0.021-0=0.021\text{mm}$

　　轴公差 $\quad T_S=l_{max}-l_{min}=es-ei=-0.007-(-0.020)=0.013\text{mm}$

注意：公差和偏差的区别！

公差值的大小反映了零件精度的高低和加工的难易程度，而偏差只表示偏离基本尺寸的多少。公差不能为负和零，偏差可以为正、负、零。

（3）尺寸公差带图

以公称尺寸为零线，以适当的比例画出两极限偏差，用以表示尺寸允许变动的界限及范围，称为公差带图。零线以上为正偏差，零线以下为负偏差，与零线重合的偏差为零。孔公差带用向右倾斜的剖面线框格表示，轴公差带用打点的框格表示（图5-1-14）。

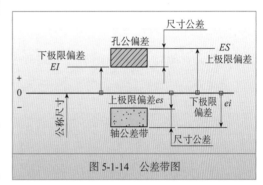

图5-1-14 公差带图

（4）基本偏差

靠近零线的偏差称为基本偏差。

公差带的要素：

①公差带的大小（即框格高度），由标准公差确定。

②公差带相对零线的位置，由基本偏差确定。

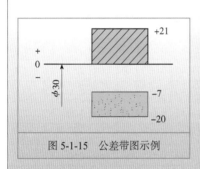

图5-1-15 公差带图示例

和聪明的小蚂蚁一起做一道例题

【例题5-1-5】聪明的小蚂蚁马上就画出了师傅给出的图5-1-13中孔轴零件的公差带图，见图5-1-15。它还知道孔和轴的基本偏差，你知道吗？

解：孔的基本偏差为下极限偏差 $EI=0$，轴的基本偏差为上极限偏差 $es=-7\mu m$。

5.1.3 极限制

国家标准《产品几何技术规范（GPS） 极限与配合 公差带和配合的选择》（GB/T 1801—2009）分别规定了"标准公差系列"和"基本偏差系列"。这种经标准化的公差与偏差制度称为极限制。两种制度的结合可构成不同的孔、轴公差带。

1）标准公差系列

标准公差系列是由不同标准公差等级和不同公称尺寸的标准公差构成的。标准公差是指在标准的极限与配合之中所规定的任一公差，用符号"IT"表示。而标准公差等级是指同一公差等级对所有公称尺寸的一组公差被认为具有同等的精确程度。标准公差等级代号由标准公差符号"IT"和等级数字组成，例如IT7。

国家标准《产品几何技术规范（GPS） 极限与配合 公差带和配合的选择》（GB/T 1801—

2009）在公称尺寸由 0~500mm 内由高到低规定了 20 个标准公差等级。

IT01，IT0，IT1，IT2，IT3，IT4，……，IT16，IT17，IT18

小	公差数值	大
高	公差等级	低
高	尺寸精度	低

IT01、IT0 在工业中很少用到。使用标准公差的数值时，一般直接从标准公差数值表（表 5-1-1）中查取。

公差尺寸 0~500mm 标准公差数值表（单位：mm）　　　　　表 5-1-1

公称尺寸（mm）		公　　差　　等　　级																	
		IT1	IT2	IT3	IT4	IT5	IT6	IT7	IT8	IT9	IT10	IT11	IT12	IT13	IT14	IT15	IT16	IT17	IT18
大于	至	μm											mm						
—	3	0.8	1.2	2	3	4	6	10	14	25	40	60	0.10	0.14	0.25	0.40	0.60	1.0	1.4
3	6	1	1.5	2.5	4	5	8	12	18	30	48	75	0.12	0.18	0.30	0.48	0.75	1.2	1.8
6	10	1	1.5	2.5	4	6	9	15	22	36	58	90	0.15	0.22	0.36	0.58	0.90	1.5	2.2
10	18	1.2	2	3	5	8	11	18	27	43	70	110	0.18	0.27	0.43	0.70	1.10	1.8	2.7
18	30	1.5	2.5	4	6	9	13	21	33	52	84	130	0.21	0.33	0.52	0.84	1.30	2.1	3.3
30	50	1.5	2.5	4	7	11	16	25	39	62	100	160	0.25	0.39	0.62	1.00	1.60	2.5	3.9
50	80	2	3	5	8	13	19	30	46	74	120	190	0.30	0.46	0.74	1.20	1.90	3.0	4.6
80	120	2.5	4	6	10	15	22	35	54	87	140	220	0.35	0.54	0.87	1.40	2.20	3.5	5.4
120	180	3.5	5	8	12	18	25	40	63	100	160	250	0.40	0.63	1.00	1.60	2.50	4.0	6.3
180	250	4.5	7	10	14	20	29	46	72	115	185	290	0.46	0.72	1.15	1.85	2.90	4.6	7.2
250	315	6	8	12	16	23	32	52	81	130	210	320	0.52	0.81	1.30	2.10	3.20	5.2	8.1
315	400	7	9	13	188	25	36	57	89	140	230	360	0.57	0.89	1.40	2.30	3.60	5.7	8.9
400	500	8	10	15	20	27	40	63	97	155	250	400	0.63	0.97	1.55	2.50	4.00	6.3	9.7

注：本表选自《产品几何技术规范（GPS）极限与配合 第 1 部分：公差、偏差和配合的基础》（GB/T 1800.1—2009）。

和聪明的小蚂蚁一起查一下表 5-1-1，你能发现什么吗

公称尺寸为 ϕ90mm、公差等级为 IT5 的孔，T_H=15μm；

公称尺寸为 ϕ90mm、公差等级为 IT5 的轴，T_S=15μm；

公称尺寸为 ϕ100mm、公差等级为 IT5 的孔，T_H=15μm。

哦，原来，都是一样的标准公差。

注意：同一公差等级、同一尺寸分段内各公称尺寸的标准公差值相同，而且同一公差等级、同一公称尺寸的孔和轴都具有相同的标准公差值。

和聪明的小蚂蚁再查一下表 5-1-1，你又能发现什么呢

公差等级为 IT6、公称尺寸为 ϕ30mm 的孔，T_H=13μm；

公差等级为 IT6、公称尺寸为 ϕ120mm 的孔，T_H=22μm。

注意：这两个孔虽然标准公差数值不一样，但是具有同等的加工精确程度 IT6，加工难易程度是一样的。

注意：属于同一公差等级的同类零件，对所有公称尺寸，虽标准公差数值不同，但具有同等的精确程度。

2）基本偏差系列

孔和轴的基本偏差各有 28 种，其代号用一个或两个字母表示，孔的基本偏差用大写字母表示，轴的基本偏差用小写字母表示。在 26 个英文字母中，除去 5 个易混淆的字母 I、L、O、Q、W（i、l、o、q、w），加上 7 个双写字母 CD、EF、FG、ZA、ZB、ZC（cd、ef、fg、za、zb、zc）及 JS（js）构成 28 种基本偏差代号，分别反映 28 种公差带位置，构成基本偏差系列（图 5-1-16）。

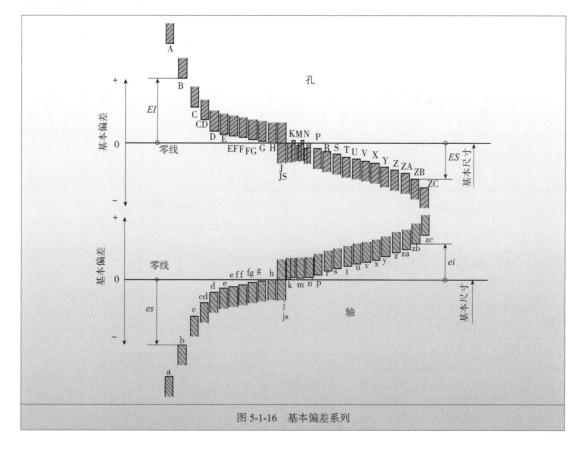

图 5-1-16　基本偏差系列

由图 5-1-16 分析可知:

孔 A~H 的基本偏差为下极限偏差 EI, 其绝对值依次减小, 其上极限偏差 $ES=EI+T_H$; J~ZC 的基本偏差为上极限偏差 ES, 其绝对值逐渐增大, 其下极限偏差 $EI=ES-T_H$。

轴 a~h 的基本偏差为上极限偏差 es, 其绝对值依次减小, 其下极限偏差 $ei=es-T_S$; j~zc 的基本偏差为下极限偏差 ei, 其绝对值逐渐增大, 其上极限偏差 $es=ei+T_S$。

H 和 h 的基本偏差为零。JS(js)完全对称零线分布, 其基本偏差为 $\pm T_H/2$ ($\pm T_S/2$)。

基本偏差系列图只表示公差带的位置, 并不表示公差带的大小, 故只画出一端, 另一端开口。轴的基本偏差数值部分列于表 5-1-2, 孔的基本偏差数值使用时可查手册。

轴的部分基本偏差数值(单位: μm)

表 5-1-2

公称尺寸（mm）		基 本 偏 差 数 值												
		上 极 限 偏 差 es								js	下 极 限 偏 差 ei			
		a	b	c	d	e	f	g	h		j		k	
大于	至	所 有 标 准 公 差 等 级									5、6	7	4~7	$\leqslant 3$ / > 7
6	10	−280	−150	−80	−40	−25	−13	−5	0		−2	−5	+1	0
10	18	−290	−150	−95	−50	−32	−16	−6	0		−3	−6	+1	0
18	30	−300	−160	−110	−65	−40	−20	−7	0		−4	−8	+2	0
30	40	−310	−170	−120	−80	−50	−25	−9	0	偏差 $=\pm\dfrac{IT}{2}$	−5	−10	+2	0
40	50	−320	−180	−130										
50	65	−340	−190	−140	−100	−60	−30	−10	0		−7	−12	+2	0
65	80	−360	−200	−150										
80	100	−380	−220	−170	−120	−72	−36	−12	0		−9	−15	+3	0
100	120	−410	−240	−180										
120	140	−460	−260	−200	−145	−85	−43	−14	0		−11	−18	+3	0
140	160	−520	−280	−210										
160	180	−580	−310	−230										
180	200	−660	−340	−240	−170	−100	−50	−15	0		−13	−21	+4	0
200	225	−740	−380	−260										
225	250	−820	−420	−280										

续上表

公称尺寸（mm）		基本偏差数值													
		下极限偏差 ei													
		m	n	p	r	s	t	u	v	x	y	z	za	zb	zc
大于	至	所有标准公差等级													
10	14	+7	+12	+18	+23	+28	—	+33	—	40	—	50	64	90	130
14	18	+7	+12	+18	+23	+28	—	+33	39	45		60	77	108	150
18	24	+8	+15	+22	+28	+35	—	41	47	54	63	73	98	136	188
24	30	+8	+15	+22	+28	+35	+41	48	55	64	75	88	118	160	218
30	40	+9	+17	+26	+34	+43	+48	60	68	80	94	112	148	200	274
40	50	+9	+17	+26	+34	+43	+54	70	81	97	114	136	180	242	325
50	65	+11	+20	+32	+41	+53	+66	87	102	122	144	172	226	300	405
65	80	+11	+20	+32	+43	+59	+75	102	120	146	174	210	274	360	480
80	100	+13	+23	+37	+51	+71	+91	124	146	178	214	258	335	445	585
100	120	+13	+23	+37	+54	+79	+104	144	172	210	254	310	400	525	690
120	140	+15	+27	+43	+63	+92	+122	170	202	248	300	365	470	620	800
140	160	+15	+27	+43	+65	+100	+134	190	228	280	340	415	535	700	900
160	180	+15	+27	+43	+68	+108	+146	210	252	310	380	465	600	780	1000
180	200	+17	+31	+50	+77	+122	+166	236	284	350	425	520	670	880	1150
200	225	+17	+31	+50	+80	+130	+180	258	310	385	470	580	740	960	1250
225	250	+17	+31	+50	+84	+140	+196	284	340	425	520	650	820	1050	1350

注：本表选自《产品几何技术规范（GPS）　极限与配合　第1部分：公差、偏差和配合的基础》（GB/T 1800.1—2009）。

和聪明的小蚂蚁一起做道题

【例题 5-1-6】确定轴 $\phi40g6$ 的极限偏差和极限尺寸。

解：查表 5-1-1 得，标准公差 $T_S=16\mu m$。

查表 5-1-2 得，基本偏差（上极限偏差）$es=-9\mu m$；

下极限偏差 $ei=es-T_S=-9-16=-25\mu m$。

极限尺寸　上极限尺寸 $l_{max}=l+es=40+（-0.009）=39.991mm$；

下极限尺寸 $l_{min}=l+ei=40+（-0.025）=39.975mm$。

为避免计算，国家标准还规定了轴和孔优先公差带的极限偏差，可直接从表 5-1-3、表 5-1-4 中查出上、下极限偏差值：上极限偏差 $es=-9\mu m$，下极限偏差 $ei=-25\mu m$。

表 5-1-3

公称尺寸 10~180mm 轴的极限偏差（单位：μm）

每格中上行为上极限偏差（es），下行为下极限偏差（ei）。代号 / 等级如表头所示。

公称尺寸(mm)	c 11	d 9	d 8	e 8	e 7	f 8	f 7	g 7	g 6	h 11	h 10	h 9	h 8	h 7	h 6	h 5	js 6	k 7	k 6	m 7	m 6	m 5	n 7	n 6	n 5	p 7	p 6	r 7	r 6	r 5	s 6	s 5	t 7	t 6	u 6	v 6	x 6	y 6	z 6
>10~14	−95/−205	−50/−93	−50/−77	−32/−59	−32/−50	−16/−43	−16/−34	−6/−24	−6/−17	0/−110	0/−70	0/−43	0/−27	0/−18	0/−11	0/−8	±5.5	+19/+1	+12/+1	+25/+7	+18/+7	+15/+7	+30/+12	+23/+12	+20/+12	+36/+18	+29/+18	+41/+23	+34/+23	+31/+23	+39/+28	+36/+28	—	—	+44/+33	—	+51/+40	—	+61/+50
>14~18	−95/−205	−50/−93	−50/−77	−32/−59	−32/−50	−16/−43	−16/−34	−6/−24	−6/−17	0/−110	0/−70	0/−43	0/−27	0/−18	0/−11	0/−8	±5.5	+19/+1	+12/+1	+25/+7	+18/+7	+15/+7	+30/+12	+23/+12	+20/+12	+36/+18	+29/+18	+41/+23	+34/+23	+31/+23	+39/+28	+36/+28	—	—	+44/+33	+50/+39	+56/+45	—	+71/+60
>18~24	−110/−240	−65/−117	−65/−98	−40/−73	−40/−61	−20/−53	−20/−41	−7/−28	−7/−20	0/−130	0/−84	0/−52	0/−33	0/−21	0/−13	0/−9	±6.5	+23/+2	+15/+2	+29/+8	+21/+8	+17/+8	+36/+15	+28/+15	+24/+15	+43/+22	+35/+22	+49/+28	+41/+28	+37/+28	+48/+35	+44/+35	—	—	+54/+41	+60/+47	+67/+54	+76/+63	+86/+73
>24~30	−110/−240	−65/−117	−65/−98	−40/−73	−40/−61	−20/−53	−20/−41	−7/−28	−7/−20	0/−130	0/−84	0/−52	0/−33	0/−21	0/−13	0/−9	±6.5	+23/+2	+15/+2	+29/+8	+21/+8	+17/+8	+36/+15	+28/+15	+24/+15	+43/+22	+35/+22	+49/+28	+41/+28	+37/+28	+48/+35	+44/+35	+62/+41	+54/+41	+61/+48	+68/+55	+77/+64	+88/+75	+101/+88
>30~40	−120/−280	−80/−142	−80/−119	−50/−89	−50/−75	−25/−64	−25/−50	−9/−34	−9/−25	0/−160	0/−100	0/−62	0/−39	0/−25	0/−16	0/−11	±8	+27/+2	+18/+2	+34/+9	+25/+9	+20/+9	+42/+17	+33/+17	+28/+17	+51/+26	+42/+26	+59/+34	+50/+34	+45/+34	+59/+43	+54/+43	+73/+48	+64/+48	+76/+60	+84/+68	+96/+80	+110/+94	+128/+112
>40~50	−130/−290	−80/−142	−80/−119	−50/−89	−50/−75	−25/−64	−25/−50	−9/−34	−9/−25	0/−160	0/−100	0/−62	0/−39	0/−25	0/−16	0/−11	±8	+27/+2	+18/+2	+34/+9	+25/+9	+20/+9	+42/+17	+33/+17	+28/+17	+51/+26	+42/+26	+59/+34	+50/+34	+45/+34	+59/+43	+54/+43	+79/+54	+70/+54	+86/+70	+97/+81	+113/+97	+130/+114	+152/+136
>50~65	−140/−330	−100/−174	−100/−146	−60/−106	−60/−90	−30/−76	−30/−60	−10/−40	−10/−29	0/−190	0/−120	0/−74	0/−46	0/−30	0/−19	0/−13	±9.5	+32/+2	+21/+2	+41/+11	+30/+11	+24/+11	+50/+20	+39/+20	+33/+20	+62/+32	+51/+32	+70/+41	+60/+41	+54/+41	+72/+53	+66/+53	+96/+66	+85/+66	+106/+87	+121/+102	+141/+122	+163/+144	+191/+172
>65~80	−150/−340	−100/−174	−100/−146	−60/−106	−60/−90	−30/−76	−30/−60	−10/−40	−10/−29	0/−190	0/−120	0/−74	0/−46	0/−30	0/−19	0/−13	±9.5	+32/+2	+21/+2	+41/+11	+30/+11	+24/+11	+50/+20	+39/+20	+33/+20	+62/+32	+51/+32	+72/+43	+62/+43	+56/+43	+78/+59	+72/+59	+105/+75	+94/+75	+121/+102	+139/+120	+165/+146	+193/+174	+229/+210
>80~100	−170/−390	−120/−207	−120/−174	−72/−126	−72/−107	−36/−90	−36/−71	−12/−47	−12/−34	0/−220	0/−140	0/−87	0/−54	0/−35	0/−22	0/−15	±11	+38/+3	+25/+3	+48/+13	+35/+13	+28/+13	+58/+23	+45/+23	+38/+23	+72/+37	+59/+37	+86/+51	+73/+51	+66/+51	+93/+71	+86/+71	+126/+91	+113/+91	+146/+124	+168/+146	+200/+178	+236/+214	+280/+258
>100~120	−180/−400	−120/−207	−120/−174	−72/−126	−72/−107	−36/−90	−36/−71	−12/−47	−12/−34	0/−220	0/−140	0/−87	0/−54	0/−35	0/−22	0/−15	±11	+38/+3	+25/+3	+48/+13	+35/+13	+28/+13	+58/+23	+45/+23	+38/+23	+72/+37	+59/+37	+89/+54	+76/+54	+69/+54	+101/+79	+94/+79	+139/+104	+126/+104	+166/+144	+194/+172	+232/+210	+276/+254	+332/+310
>120~140	−200/−450	−145/−245	−145/−208	−85/−148	−85/−125	−43/−106	−43/−83	−14/−54	−14/−39	0/−250	0/−160	0/−100	0/−63	0/−40	0/−25	0/−18	±12.5	+43/+3	+28/+3	+55/+15	+40/+15	+33/+15	+67/+27	+52/+27	+45/+27	+83/+43	+68/+43	+103/+63	+88/+63	+81/+63	+117/+92	+110/+92	+162/+122	+147/+122	+195/+170	+227/+202	+273/+248	+325/+300	+390/+365
>140~160	−210/−460	−145/−245	−145/−208	−85/−148	−85/−125	−43/−106	−43/−83	−14/−54	−14/−39	0/−250	0/−160	0/−100	0/−63	0/−40	0/−25	0/−18	±12.5	+43/+3	+28/+3	+55/+15	+40/+15	+33/+15	+67/+27	+52/+27	+45/+27	+83/+43	+68/+43	+105/+65	+90/+65	+83/+65	+125/+100	+118/+100	+174/+134	+159/+134	+215/+190	+253/+228	+305/+280	+365/+340	+440/+415
>160~180	−230/−480	−145/−245	−145/−208	−85/−148	−85/−125	−43/−106	−43/−83	−14/−54	−14/−39	0/−250	0/−160	0/−100	0/−63	0/−40	0/−25	0/−18	±12.5	+43/+3	+28/+3	+55/+15	+40/+15	+33/+15	+67/+27	+52/+27	+45/+27	+83/+43	+68/+43	+108/+68	+93/+68	+86/+68	+133/+108	+126/+108	+186/+146	+171/+146	+235/+210	+277/+252	+335/+310	+405/+380	+490/+465

注：本表选自《产品几何技术规范（GPS） 极限与配合 第 2 部分：标准公差等级和孔、轴极限偏差表》（GB/T 1800.2—2009）。

表 5-1-4

公称尺寸 10~180mm 孔的极限偏差（单位：μm）

公称尺寸(mm)	C11	D9	D10	E8	E9	F8	F9	G6	G7	H6	H7	H8	H9	H10	H11	H12	JS7	JS8	K6	K7	M7	M8	N6	N7	P6	P7	R6	R7	S6	S7	T6	T7	U6
>10~14	+205/+95	+93/+50	+120/+50	+59/+32	+75/+32	+43/+16	+59/+16	+17/+6	+24/+6	+11/0	+18/0	+27/0	+43/0	+70/0	+110/0	+180/0	±9	±13	+2/-9	+6/-12	0/-18	+2/-25	-9/-20	-5/-23	-15/-26	-11/-29	-20/-31	-16/-34	-25/-36	-21/-39	—	—	-30/-41
>14~18	+205/+95	+93/+50	+120/+50	+59/+32	+75/+32	+43/+16	+59/+16	+17/+6	+24/+6	+11/0	+18/0	+27/0	+43/0	+70/0	+110/0	+180/0	±9	±13	+2/-9	+6/-12	0/-18	+2/-25	-9/-20	-5/-23	-15/-26	-11/-29	-20/-31	-16/-34	-25/-36	-21/-39	—	—	-41
>18~24	+240/+110	+117/+65	+149/+65	+73/+40	+92/+40	+53/+20	+72/+20	+20/+7	+28/+7	+13/0	+21/0	+33/0	+52/0	+84/0	+130/0	+210/0	±10	±16	+2/-11	+6/-15	0/-21	+4/-29	-11/-24	-7/-28	-18/-31	-14/-35	-24/-37	-20/-41	-31/-44	-27/-48	—	—	-37/-50
>24~30	+240/+110	+117/+65	+149/+65	+73/+40	+92/+40	+53/+20	+72/+20	+20/+7	+28/+7	+13/0	+21/0	+33/0	+52/0	+84/0	+130/0	+210/0	±10	±16	+2/-11	+6/-15	0/-21	+4/-29	-11/-24	-7/-28	-18/-31	-14/-35	-24/-37	-20/-41	-31/-44	-27/-48	-37/-50	-33/-54	-44/-57
>30~40	+280/+120	+142/+80	+180/+80	+89/+50	+112/+50	+64/+25	+87/+25	+25/+9	+34/+9	+16/0	+25/0	+39/0	+62/0	+100/0	+160/0	+250/0	±12	±19	+3/-13	+7/-18	0/-25	+5/-34	-12/-28	-8/-33	-21/-37	-17/-42	-29/-45	-25/-50	-38/-54	-34/-59	-43/-59	-39/-64	-55/-71
>40~50	+290/+130	+142/+80	+180/+80	+89/+50	+112/+50	+64/+25	+87/+25	+25/+9	+34/+9	+16/0	+25/0	+39/0	+62/0	+100/0	+160/0	+250/0	±12	±19	+3/-13	+7/-18	0/-25	+5/-34	-12/-28	-8/-33	-21/-37	-17/-42	-29/-45	-25/-50	-38/-54	-34/-59	-49/-65	-45/-70	-65/-81
>50~65	+330/+140	+174/+100	+220/+100	+106/+60	+134/+60	+76/+30	+104/+30	+29/+10	+40/+10	+19/0	+30/0	+46/0	+74/0	+120/0	+190/0	+300/0	±15	±23	+4/-15	+9/-21	0/-30	+5/-41	-14/-33	-9/-39	-26/-45	-21/-51	-35/-54	-30/-60	-47/-66	-42/-72	-60/-79	-55/-85	-81/-100
>65~80	+340/+150	+174/+100	+220/+100	+106/+60	+134/+60	+76/+30	+104/+30	+29/+10	+40/+10	+19/0	+30/0	+46/0	+74/0	+120/0	+190/0	+300/0	±15	±23	+4/-15	+9/-21	0/-30	+5/-41	-14/-33	-9/-39	-26/-45	-21/-51	-37/-56	-32/-62	-53/-72	-48/-78	-69/-88	-64/-94	-96/-115
>80~100	+390/+170	+207/+120	+260/+120	+125/+72	+159/+72	+90/+36	+123/+36	+34/+12	+47/+12	+22/0	+35/0	+54/0	+87/0	+140/0	+220/0	+350/0	±17	±27	+4/-18	+10/-25	0/-35	+6/-48	-16/-38	-10/-45	-30/-52	-24/-59	-44/-66	-38/-73	-64/-86	-58/-93	-84/-106	-78/-113	-117/-139
>100~120	+400/+180	+207/+120	+260/+120	+125/+72	+159/+72	+90/+36	+123/+36	+34/+12	+47/+12	+22/0	+35/0	+54/0	+87/0	+140/0	+220/0	+350/0	±17	±27	+4/-18	+10/-25	0/-35	+6/-48	-16/-38	-10/-45	-30/-52	-24/-59	-47/-69	-41/-76	-72/-94	-66/-101	-97/-119	-91/-126	-137/-159
>120~140	+450/+200	+245/+145	+305/+145	+148/+85	+185/+85	+106/+43	+143/+43	+39/+14	+54/+14	+25/0	+40/0	+63/0	+100/0	+160/0	+250/0	+400/0	±20	±31	+4/-21	+12/-28	0/-40	+8/-55	-20/-45	-12/-52	-36/-61	-28/-68	-56/-81	-48/-88	-85/-110	-77/-117	-115/-140	-107/-147	-163/-188
>140~160	+460/+210	+245/+145	+305/+145	+148/+85	+185/+85	+106/+43	+143/+43	+39/+14	+54/+14	+25/0	+40/0	+63/0	+100/0	+160/0	+250/0	+400/0	±20	±31	+4/-21	+12/-28	0/-40	+8/-55	-20/-45	-12/-52	-36/-61	-28/-68	-58/-83	-50/-90	-93/-118	-85/-125	-127/-152	-119/-159	-183/-208
>160~180	+480/+230	+245/+145	+305/+145	+148/+85	+185/+85	+106/+43	+143/+43	+39/+14	+54/+14	+25/0	+40/0	+63/0	+100/0	+160/0	+250/0	+400/0	±20	±31	+4/-21	+12/-28	0/-40	+8/-55	-20/-45	-12/-52	-36/-61	-28/-68	-61/-86	-53/-93	-101/-126	-93/-133	-139/-164	-131/-171	-203/-228

注：本表选自《产品几何技术规范（GPS）　极限与配合　第 2 部分：标准公差等级和孔、轴极限偏差表》（GB/T 1800.2—2009）。

拓 展 阅 读

线性尺寸的未注公差

图样中没有标注公差的尺寸并不是没有公差，只不过是图样中未标注而已。在工程图样上的尺寸标注中，该尺寸后面不标注极限偏差，工厂中常称其为"自由尺寸"、"一般公差"，主要用于较低精度的非配合尺寸。在正常情况下一般可不检验。

国家标准对线性尺寸的一般公差规定了4个等级，即 f（精密级）、m（中等级）、c（粗糙级）及 v（最粗级），其中 f 级最高，逐渐降低，v 级最低，见表5-1-5。使用此标准时，应根据产品的技术要求和工厂的加工条件，在规定的公差等级中选取，并在生产部门的技术文件中表示出来。例如，选用中等 m 级时，则表示为《一般公差 未注公差的线性和角度尺寸的公差》（GB/T 1804—2000），这表明图样上凡是未注公差的尺寸均按照中等精度 m 加工和检验。

线性尺寸的极限偏差数值（单位：mm） 表 5-1-5

公差等级	6~30	30~120	120~400	400~1000	公差等级	6~30	30~120	120~400	400~1000
精密 f	± 0.1	± 0.15	± 0.2	± 0.3	粗糙 c	± 0.5	± 0.8	± 1.2	± 2
中等 m	± 0.2	± 0.3	± 0.5	± 0.8	最粗 v	± 1	± 1.5	± 2.5	± 4

注：本表选自《一般公差 未注公差的线性和角度尺寸的公差》（GB/T 1804—2000）。

图 5-1-17 轴承与轴承座孔配合

5.1.4 配合精度

1）配合及种类

（1）配合

机器装配中，基本尺寸相同，相互结合的孔、轴公差带之间的位置关系称为配合。零件加工后进行组装时，常使用配合这一概念来反映零件组装后的松紧程度。如图5-1-9中齿轮与轴的孔轴配合、键与键槽的孔轴配合均为间隙配合，图5-1-17中的轴承与轴承座孔间配合为过盈配合。

（2）间隙与过盈

孔尺寸—轴尺寸 $\begin{cases} 为"+"叫间隙，用"X"表示。 \\ 为"–"叫过盈，用"Y"表示。 \end{cases}$

（3）分类

看看勤劳小蚂蚁的总结（表 5-1-6）

配 合 的 种 类　　　　　　　　　　　　　表 5-1-6

配合种类	间 隙 配 合	过 渡 配 合	过 盈 配 合
定义	具有间隙（包括最小间隙为0）的配合	可能有间隙或过盈的配合	具有过盈（包括最小过盈为0）的配合
公差带图	孔公差带完全位于轴公差带之上，见图 5-1-18	孔公差带和轴公差带交错，见图 5-1-19	孔公差带完全位于轴公差带之下，见图 5-1-20
极限间隙或过盈	最大间隙 $X_{max}=L_{max}-l_{min}=ES-ei$	最大间隙 $X_{max}=L_{max}-l_{min}=ES-ei$	最大过盈 $Y_{max}=L_{min}-l_{max}=EI-es$
	最小间隙 $X_{min}=L_{min}-l_{max}=EI-es$	最大过盈 $Y_{max}=L_{min}-l_{max}=EI-es$	最小过盈 $Y_{min}=L_{max}-l_{min}=ES-ei$
配合公差	$T_f=X_{max}-X_{min}=T_H+T_S$	$T_f=X_{max}-Y_{max}=T_H+T_S$	$T_f=Y_{min}-Y_{max}=T_H+T_S$

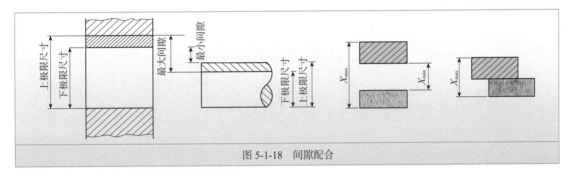

图 5-1-18　间隙配合

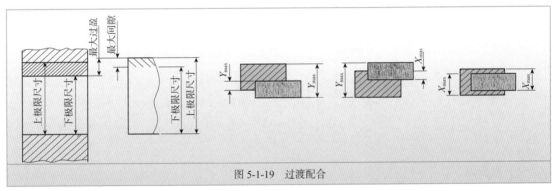

图 5-1-19　过渡配合

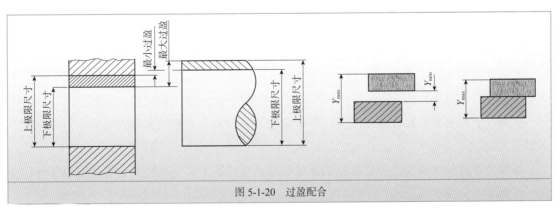

图 5-1-20　过盈配合

和聪明的小蚂蚁一起做道关于间隙配合的题

【例题 5-1-7】已知 $\phi 60^{+0.030}_{0}$ 的孔与 $\phi 60^{-0.009}_{-0.025}$ 的轴，求配合的极限间隙和配合公差。

解：最大间隙 $X_{max}=L_{max}-l_{min}=ES-ei=+0.030-（-0.025）=+0.055mm$

最小间隙 $X_{min}=L_{min}-l_{max}=EI-es=0-（-0.009）=+0.009mm$

配合公差 $T_f=X_{max}-X_{min}=+0.055-（+0.009）=0.046mm$

 和聪明的小蚂蚁一起做道关于过渡配合的题

【例题 5-1-8】已知 $\phi 50^{+0.025}_{0}$ 的孔与 $\phi 50^{-0.033}_{-0.017}$ 的轴，求配合的极限间隙（或过盈）和配合公差。

解：最大间隙 $X_{max}=L_{max}-l_{min}=ES-ei=+0.025-（+0.017）=+0.008mm$

最大过盈 $Y_{max}=L_{min}-l_{max}=EI-es=0-（+0.0033）=-0.033mm$

配合公差 $T_f=X_{max}-Y_{max}=+0.008-（-0.033）=0.041mm$

 和聪明的小蚂蚁一起做道关于过盈配合的题

【例题 5-1-9】已知 $\phi 50^{+0.025}_{0}$ 的孔与 $\phi 50^{-0.042}_{-0.026}$ 的轴，求配合的极限过盈和配合公差。

解：最大过盈 $Y_{max}=L_{min}-l_{max}=EI-es=0-（+0.042）=-0.042mm$

最小过盈 $Y_{min}=L_{max}-l_{min}=ES-ei=+0.025-（+0.026）=-0.001mm$

配合公差 $T_f=Y_{min}-Y_{max}=-0.001-（-0.042）=0.041mm$

2）配合制

同一极限制的孔轴组成配合的一种制度，称为配合制。国家标准《产品几何技术规范（GPS）极限与配合 公差带和配合的选择》（GB/T 1801—2009）规定了两种配合制——基孔制和基轴制。

基孔制是指基本偏差为一定的孔的公差带与不同的基本偏差的轴的公差带形成各种配合的一种制度。见图 5-1-21。

在基孔制配合中，孔称为基准孔，基本偏差代号为 H，公差带在零线上方，基本偏差为下偏差 $EI=0$。

基轴制是指基本偏差为一定的轴的公差带与不同的基本偏差的孔的公差带形成各种配合的一种制度。见图 5-1-22。

在基轴制配合中，轴称为基准轴，基本偏差代号为 h，公差带在零线下方，基本偏差为上偏差 *es* =0。

基孔制和基轴制都各有间隙配合、过渡配合、过盈配合三种配合。

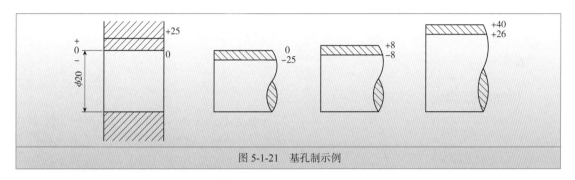

图 5-1-21　基孔制示例

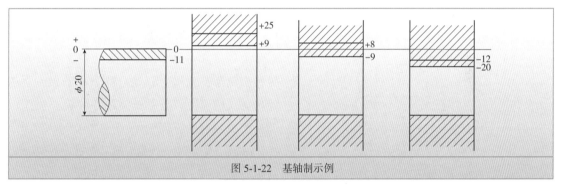

图 5-1-22　基轴制示例

3）配合代号及标注

 和聪明的小蚂蚁一起做道题

【例题 5-1-10】写出孔 ϕ30H7 与轴 ϕ30g6 的配合代号，说明其含义。

解：配合代号 ϕ30H7/g6，表示公称直径是 30mm、基本偏差代号是 H、公差等级是 7 级的基准孔，与公称直径是 30mm、基本偏差代号是 g、公差等级是 6 级的轴所组成的基孔制的间隙配合。

在零件图上有三种标注，见图 5-1-23。

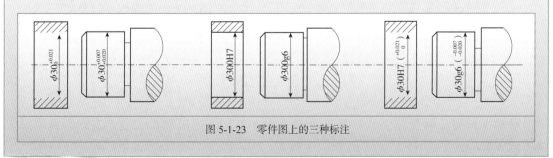

图 5-1-23　零件图上的三种标注

（1）公称尺寸$^{上极限偏差}_{下极限偏差}$：这种标注适用于单件小批量生产，方便检测，如$\phi 30^{+0.021}_{0}$。

（2）公称尺寸 公差带代号：这种标注适用于大批量生产和表达装配关系，如$\phi 30H7$。

（3）公称尺寸 公差带代号$\left(^{上极限偏差}_{下极限偏差}\right)$：这种标注生产目标不明确时采用，如$\phi 30H7\left(^{+0.021}_{0}\right)$。

拓 展 阅 读

配合公差带图

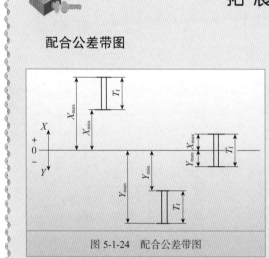

图 5-1-24　配合公差带图

配合公差带图可以直观地表示相互配合的孔、轴的配合精度和配合性质。如图 5-1-24 所示，横坐标为零线，是极限间隙和极限过盈的分界线，纵坐标表示极限间隙或过盈的数字，零线以上为正值，表示间隙，零线以下为负值，表示过盈。间隙配合的配合公差带完全位于零线以上；过盈配合的配合公差带完全位于零线以下；过渡配合的配合公差带位于零线的上下两侧。

5.2　游标卡尺测内、外径及检验孔轴零件的尺寸精度和配合性质

游标卡尺是一种常用量具，具有结构简单、使用方便、测量范围大等特点。

1）游标卡尺的结构及使用

常见的机械游标卡尺如图 5-2-1 所示，它的量程有 0~150mm、0~200mm、0~300mm……由内测量爪、外测量爪、紧固螺钉、主尺、游标尺、深度尺等组成，有的还带有微调装置。

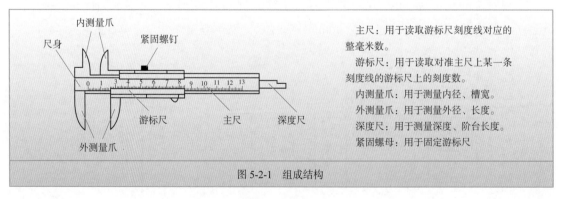

主尺：用于读取游标尺刻度线对应的整毫米数。

游标尺：用于读取对准主尺上某一条刻度线的游标尺上的刻度数。

内测量爪：用于测量内径、槽宽。

外测量爪：用于测量外径、长度。

深度尺：用于测量深度、阶台长度。

紧固螺母：用于固定游标尺

图 5-2-1　组成结构

游标卡尺有三种使用方式：外爪测量（图 5-2-2）、内爪测量（图 5-2-3）、深度尺测量（图 5-2-4）。

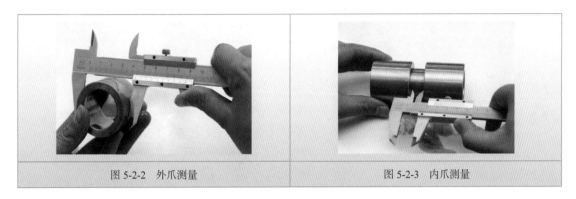

| 图 5-2-2　外爪测量 | 图 5-2-3　内爪测量 |

2）游标原理

为什么游标卡尺测量精度可达 0.1mm，甚至 0.05mm、0.02mm 呢？

游标原理：利用主尺上的刻线间距和游标尺上的刻线间距之差来读出小数部分，有 0.02mm、0.05mm 和 0.1mm 三种最小读数值。

将主尺上的 9mm 等分 10 份作为游标尺的刻度，则游标尺（副尺）上的每一刻度与主尺上的每一刻度所表示的长度之差就是 0.1mm。见图 5-2-5。

将主尺上的 19mm 等分 20 份作为游标尺上的 20 刻度，则游标尺（副尺）上的每一刻度与主尺上的每一刻度所示的长度之差就分别为 0.05mm。见图 5-2-6。

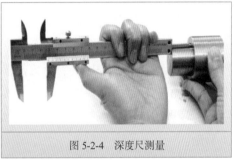

图 5-2-4　深度尺测量

将主尺上的 49 mm 等分 50 份作为游标尺上的 50 刻度，则游标尺（副尺）上的每一刻度与主尺上的每一刻度所示的长度之差就分别为 0.02mm。见图 5-2-7。

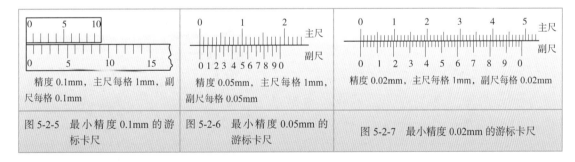

| 精度 0.1mm，主尺每格 1mm，副尺每格 0.1mm | 精度 0.05mm，主尺每格 1mm，副尺每格 0.05mm | 精度 0.02mm，主尺每格 1mm，副尺每格 0.02mm |
| 图 5-2-5　最小精度 0.1mm 的游标卡尺 | 图 5-2-6　最小精度 0.05mm 的游标卡尺 | 图 5-2-7　最小精度 0.02mm 的游标卡尺 |

因此游标卡尺的测量精度可达 0.1mm、0.05mm、0.02mm。

3）读数方法

读数时首先以游标尺零刻度线为准在主尺尺身上读取毫米整数，即以毫米为单位的整数部分，然后看游标尺上第几条刻度线与主尺尺身的刻度线对齐。

步骤：

（1）先读整数部分；

（2）再读小数部分；

（3）求和：整数部分 +N× 游标读数。

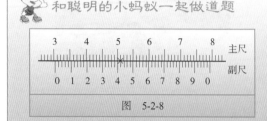

和聪明的小蚂蚁一起做道题

图 5-2-8

整数加小数求和　　30.00mm+0.42mm=30.42mm。

【例题 5-2-1】请读出图 5-2-8 所示游标卡尺的读数。

解：整数部分　　　30.00mm；

小数部分　　　21×0.02mm=0.42mm；

4）使用注意事项

①游标卡尺是比较精密的测量工具，要轻拿轻放，不得碰撞或跌落地下。

②测量前应将游标卡尺擦干净。量爪贴合后，游标的零线应和尺身的零线对齐。

③测量时，应先拧松紧固螺钉，移动游标不能用力过猛。两量爪与待测物的接触不宜过紧，但也不能使被夹紧的物体在量爪内挪动。

④读数时，视线应与尺面垂直。如需固定读数，可用紧固螺钉将游标固定在尺身上，防止滑动。

⑤实际测量时，对同一长度应多测几次，取其平均值来消除偶然误差。

⑥使用后，将测量面和尺身的油污擦拭干净，并使两测量面留有一定缝隙，以免生锈。

5）试验步骤

（1）教学组织形式：此试验任务为学生动手操作使用游标卡尺测量工件，1 名试验老师，20 名学生，试验室共有 24 个工位，24 套试验设备及试样，每个工位 1 名学生独立操作。

（2）根据试验要求，准备试验所需量具（图 5-2-9）及试样（图 5-2-10、图 5-2-11）。

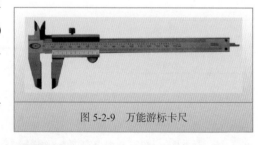

图 5-2-9　万能游标卡尺

轴套孔尺寸：
孔公差代号：ϕ30H10。
标准公差：IT10=0.084mm。
上偏差：+0.084mm。
下偏差：0

图 5-2-10　轴套

光轴尺寸：
轴公差代号：ϕ30js9。
标准公差：IT9=0.052mm。
上偏差：+0.026mm。
下偏差：–0.026mm

图 5-2-11　光轴

（3）用内爪测量孔的内径（图 5-2-12）并读数（图 5-2-13）。

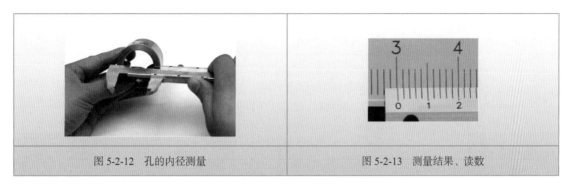

图 5-2-12　孔的内径测量　　　　　　　　图 5-2-13　测量结果、读数

（4）用外爪测量轴的外径（图 5-2-14）并读数（图 5-2-15）。

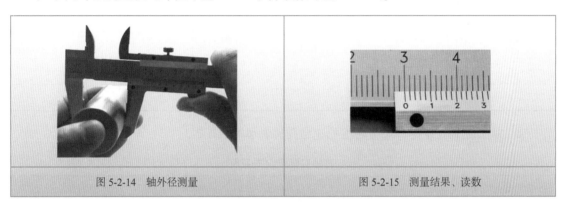

图 5-2-14　轴外径测量　　　　　　　　图 5-2-15　测量结果、读数

（5）记录测量所得数据并按要求填表（表 5-2-1、表 5-2-2）。

游标卡尺测量孔的内径　　　　　　　　　　　　　　表 5-2-1

孔	公 称 尺 寸（mm）	极 限 尺 寸（mm）		实际尺寸（mm）	合格（√或×）
		上极限尺寸	下极限尺寸		
1	30.000	30.084	30.000	30.020	√
2				29.900	×
3				30.000	√
4				30.060	√
	我们和聪明的小蚂蚁一起来完成剩下的表格吧				
5					
6					
7					
8					

游标卡尺测量轴的外径   表 5-2-2

轴	公 称 尺 寸（mm）	极 限 尺 寸（mm）		实际尺寸（mm）	合格（√或 ×）
		上极限尺寸	下极限尺寸		
1				30.000	√
2	30.000	30.026	29.974	30.020	√
3				29.980	√
4				29.920	×
	我们和聪明的小蚂蚁一起来完成剩下的表格吧				
5					
6					
7					
8					

（6）从上述轴孔中选择尺寸合格的 3 组孔轴，填写表 5-2-3。

孔轴实际配合关系表   表 5-2-3

编号	孔轴	零件序号	实际尺寸（mm）	实际配合性质
第一组	孔	1	30. 020	间隙配合
	轴	3	29.980	
第二组	孔	3	30.000	过盈配合
	轴	2	30.020	
第三组	孔	4	30.060	间隙配合
	轴	1	30.000	
	我们和聪明的小蚂蚁一起来完成剩下的表格吧			
第四组				
第五组				
第六组				

拓 展 阅 读

游标卡尺"对零"检查

（1）检查内、外量爪的密合状态

主、副尺的内、外量爪必须完全密合。主尺0刻线与副尺0刻线必须对齐，见图5-2-16、图5-2-17。

（2）零点校正

当量爪密合，主副尺0刻线却不能对齐时，则游标卡尺存在测量误差。测量读数时可采用误差法读数，记录下测量误差。

如图5-2-18所示，游标尺的0刻线在主尺0刻线的右边，读取游标尺的零刻线与主尺零刻线对齐的数值0.12mm，读取的测量误差值即是0.12mm，在读数时要减去误差值。

注意：若游标尺的0刻线在主尺0刻线的左边，在读数时要加上误差值。

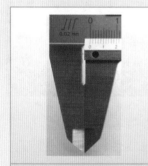

| 图5-2-16　外量爪完全密合 | 图5-2-17　内量爪完全密合 | 图5-2-18　零点校正 |

（3）游标卡尺的移动状况检查

游标尺必须能够在主尺上轻轻地移动而不会发出声音，见图5-2-19。

（4）检查固定螺钉是否完好

固定螺钉如果有损坏或丢失，就不能使用了，否则会导致使用中读数产生误差，见图5-2-20。

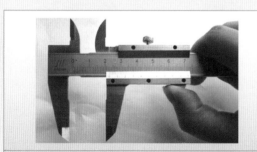

| 图5-2-19　游标卡尺的移动状况检查 | 图5-2-20　固定螺钉检查 |

5.3 外径千分尺测外径及检验轴零件的尺寸精度

千分尺,又称螺旋测微器,按照用途可以分为外径千分尺、内径千分尺和螺纹千分尺等。外径千分尺是比游标卡尺更精密的长度测量仪器,是利用螺旋副的运动原理对弧形尺架上两测量面间分隔的距离进行读数的通用长度测量工具。

1)外径千分尺(螺旋测微仪)的结构

常见的外径千分尺如图 5-3-1 所示,它的量程有 0~25mm、25~50mm、50~75mm。外径千分尺的结构由固定的尺架、测砧、测微螺杆、固定套管、微分筒、测力装置、锁紧装置等组成。

固定套管上有一条水平线,这条线上、下各有一列间距为 1mm 的刻度线,上面的刻度线恰好在下面两相邻刻度线中间。微分筒上的刻度线是将圆周分为 50 等分的水平线,它是旋转运动的(图 5-3-2)。

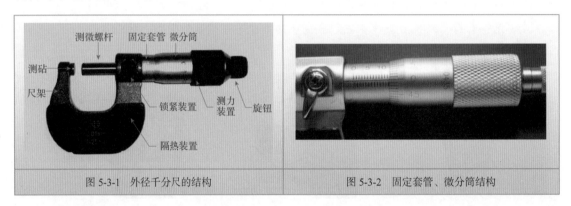

图 5-3-1　外径千分尺的结构　　　　　图 5-3-2　固定套管、微分筒结构

2)工作原理

测微螺杆的螺距为 0.5mm,微分筒旋转一格时,测微螺杆轴向移动距离为 0.5mm/50=0.01mm。

解释:根据螺旋运动原理,当微分筒(又称可动刻度筒)旋转一周时,测微螺杆前进或后退一个螺距——0.5mm。这样,当微分筒旋转一个分度后,它转过了 1/50 周,这时螺杆沿轴线移动了 $1/50 \times 0.5mm = 0.01mm$,因此,使用千分尺可以准确读出 0.01mm 的数值。

3)读数方法

读数时,先以微分筒的端面为准线,读出固定套管下刻度线的分度值(只读出以毫米为单位的整数),再以固定套管上的水平横线作为读数准线,读出可动刻度上的分度值,读数时应估读到最小刻度的 1/10,即 0.001mm。

读数步骤:

①先读固定套管的整数部分;

②注意是否加 0.5mm;

③再读微分筒的小数部分:$N \times 0.01$;

④求和:整数部分 $+0.5+N \times 0.01$。

和聪明的小蚂蚁一起看图学知识

如果微分筒的端面与固定刻度的下刻度线之间无上刻度线，测量结果即为下刻度线的数值加可动刻度的值。如图5-3-3所示，读数如下。

整数部分：10.000mm；

不加0.5mm；

小数部分：0；

求和：10.000mm+0=10.000mm。

如果微分筒端面与下刻度线之间有一条上刻度线，测量结果应为下刻度线的数值加上0.5mm，再加上可动刻度的值。如图5-3-4所示，读数如下。

整数部分：11.000mm；

加0.5mm；

小数部分：5×0.01mm=0.05mm；

求和：11.50mm+0.05mm=11.550mm。

如果微分筒端面与下刻度线之间有一条上刻度线，测量结果应为下刻度线的数值加上0.5mm，再加上可动刻度的值 (不能直接读出刻度的要估读到0.001mm) 。如图5-3-5所示，读数如下。

整数部分：11.000mm；

加0.5mm；

小数部分：40×0.01mm=0.40mm；

小数估读部分：0.005mm；

求和：11.50mm+0.40mm+0.005=11.905mm。

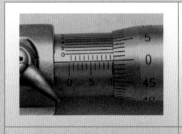　　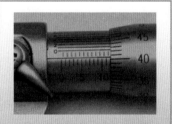

图5-3-3　外径千分尺读数示例1　　图5-3-4　外径千分尺读数示例2　　图5-3-5　外径千分尺读数示例3

4）使用千分尺注意事项

（1）千分尺是一种精密的量具，使用时应小心谨慎，动作轻缓，不要让它受到打击和碰撞。千分尺内的螺纹非常精密，使用时要注意：

①旋钮和测力装置在转动时都不能过分用力。

②当转动旋钮使测微螺杆靠近待测物时，一定要改旋测力装置。

③在测微螺杆与测砧已将待测物卡住或旋紧锁紧装置的情况下，决不能强行转动旋钮。

（2）试验时应手握隔热装置，而尽量少接触尺架的金属部分。

（3）使用千分尺测同一长度时，一般应反复测量几次，取其平均值作为测量结果。

（4）千分尺用毕后，应用纱布擦干净，在测砧与螺杆之间留出一点空隙，放入盒中。如长期不用可抹上黄油或机油，放置在干燥的地方。注意不要让它接触腐蚀性的气体。

5）试验步骤

（1）教学组织形式：此试验任务为学生动手操作使用千分尺测量工件尺寸，1名试验老师，20名学生，试验室共有24个工位，24套试验设备及试样，每个工位1名学生独立操作。

（2）根据试验要求准备所需量具（图5-3-6）及试样（图5-3-7）。

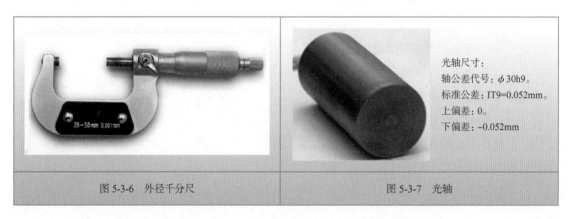

| 图 5-3-6 外径千分尺 | 图 5-3-7 光轴 |

（3）用相应量程的千分尺测轴的外径（图5-3-8）并读数（图5-3-9）。

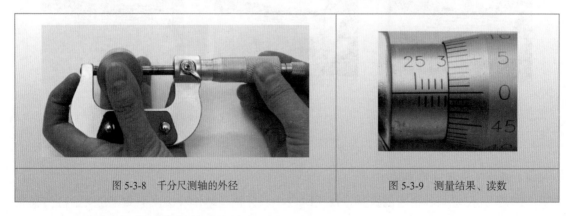

| 图 5-3-8 千分尺测轴的外径 | 图 5-3-9 测量结果、读数 |

（4）记录测量所得数据并按要求填表（表5-3-1）。

千分尺测量轴的外径　　　　　　　　　　表 5-3-1

轴	公称尺寸（mm）	极限尺寸（mm）		实际尺寸（mm）	合格（√或×）
		上极限尺寸	下极限尺寸		
1	30.000	30.000	29.948	30.000	√
2				29.990	√
3				29.995	√
4				30.050	×
	我们和聪明的小蚂蚁一起来完成剩下的表格吧				
5					
6					
7					
8					

拓 展 阅 读

外径千分尺零点校正（以 0~25mm 量程千分尺为例）

（1）对零操作

取出外径千分尺，仔细清理测定面后，旋转微分套筒，测量轴和砧子接触后，改为转动测力旋钮，当转动一圈半并发出 2~3 次"咔咔"声时，即可检视指示值，见图 5-3-10。

（2）检视指示值

如果活动套筒左端面在固定套筒的 0 刻线位置，且活动套筒上的 0 刻线与固定套筒的基准线对齐，则该千分尺没有误差，见图 5-3-11。

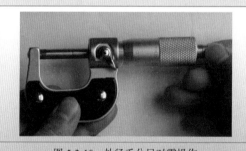

图 5-3-10　外径千分尺对零操作

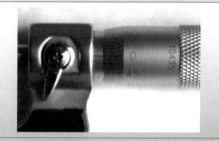

图 5-3-11　无零位误差

如果活动套筒左端面不在固定套筒的 0 刻线位置，且活动套筒上的 0 刻线与固定套筒的基准线不对齐，超过了基准线，则该千分尺有误差。如图 5-3-12 所示，误差值为 +0.01mm。

如果活动套筒左端面不在固定套筒的 0 刻线位置，且活动套筒上的 0 刻线与固定套筒的基准线不对齐，未达到基准线，则该千分尺有误差。如图 5-3-13 所示，误差值为 –0.01mm。

| 图 5-3-12　零位误差值为正 | 图 5-3-13　零位误差值为负 |

（3）零位误差调整

若外径千分尺存在零位误差，应先检查测定面接触是否良好，然后再根据误差的大小进行调整。若误差值为正值，则用调整扳手（图 5-3-14）向上适当调整固定套筒（图 5-3-15）；若误差值为负值，则用调整扳手向下适当调整固定套筒（图 5-3-16）。消除千分尺的零位误差，即可用于测量。

| 图 5-3-14　调整扳手 | 图 5-3-15　误差值为正值的调整 | 图 5-3-16　误差值为负值的调整 |

5.4　几何精度

机械零件在加工过程中，由于工艺系统各种因素的影响，零件的几何要素不仅会产生尺寸误差，而且还存在几何误差。零件的几何误差对机械产品工作精度、密封性、运动平稳性、耐磨性和使用寿命等都有很大影响。几何误差越大，零件几何精度越低。因此，为了保证产品的质量和互换性，必须对零件的几何误差予以限制，对零件的几何要素规定合理的几何精度。

为了控制几何误差，国家制定了《产品几何技术规范（GPS） 几何公差形状、方向、位置和跳动公差标注》（GB/T 1182—2008）等一系列标准。

5.4.1　几何要素

形位公差的研究对象是零件的几何要素（简称为要素），它是指构成零件几何特征的点、线、面。例如图 5-4-1 中所示的零件就是由点（球心、锥顶）、线（圆柱面和圆锥面的素线、轴线）、面（球面、圆柱面、端平面）组成的几何体。几何要素的分类如表 5-4-1 所示。

零件几何要素分类　　　　　　　　　　　　　表 5-4-1

分类方式	种类	定　义	说　明
存在的形态	理想要素	具有几何意义的要素	该要素是没有任何误差的理想的几何图形
	实际要素	实际存在的要素	由于加工误差存在，实际要素具有几何误差
形位公差中所处地位	被测要素	图样给出形状和位置公差的要求	给出了几何公差的要素，是检测对象，如图 5-4-2 中 ϕd_1 的轴线和 ϕd_2 的圆柱面都是被测要素
	基准要素	确定被测要素方向或位置的要素	用来确定被测要素方向或（和）位置的要素，如图 5-4-2 中 ϕd_2 的轴线是基准要素
几何特征	组成要素	构成零件外形的点、线、面	是可见的，能直接被人们感觉到，如图 5-4-1 中的球面、端平面、圆柱面、圆锥面等
	导出要素	从一个或多个轮廓要素上获取的中心点、中心线或者中心面	虽不可见，不能直接感觉到，但可通过轮廓要素来模拟体现，如图 5-4-1、图 5-4-2 中的球心、中心轴线等
关联关系	单一要素	仅有形状公差要求的要素	图中标有形状公差项目的要素，如图 5-4-2 中 ϕd_2 的圆柱面
	关联要素	对其他要素有功能关系而给出方向、位置或跳动公差的要素	图中标有方向、位置或跳动公差项目的要素，如图 5-4-2 中 ϕd_1 圆柱面的轴线

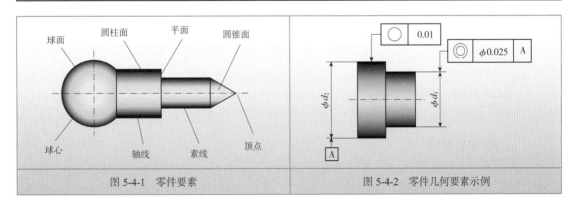

图 5-4-1　零件要素　　　　　　　　　　图 5-4-2　零件几何要素示例

5.4.2　几何公差的特征项目

几何公差分为形状公差、方向公差、位置公差及跳动公差四大类。几何公差的项目及符号见表 5-4-2，共 19 种公差项目。

几何公差项目及符号

表 5-4-2

类 别	项 目	符 号	类 别	项 目	符 号
形状公差	直线度	—	位置公差	同心度（用于中心点）	◎
	平面度	▱		同轴度（用于轴线）	◎
	圆度	○		对称度	=
	圆柱度	⌀		位置度	⊕
	线轮廓度	⌒		线轮廓度	⌒
	面轮廓度	◠			
方向公差	平行度	//		面轮廓度	◠
	垂直度	⊥			
	倾斜度	∠			
	线轮廓度	⌒	跳动公差	圆跳动	↗
	面轮廓度	◠		全跳动	↗↗

5.4.3 几何公差的标注方法

1）几何公差的标注形式

几何公差采用框格的形式标注，如图 5-4-3 所示。

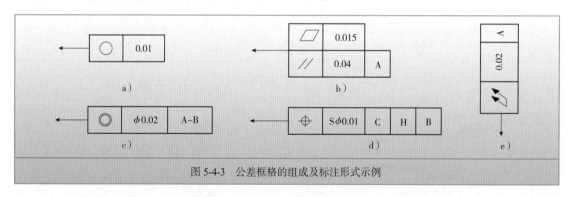

图 5-4-3 公差框格的组成及标注形式示例

（1）框格和指引线

几何公差框格由两格组成，方向位置和跳动公差框格由 3~5 格组成，框格多按水平方向放置，必要时也可垂直放置，框格中从左到右［框格垂直放置时从下到上，如图 5-4-3e）所示］依次填写公差项目符号、以毫米为单位的公差数值及附加符号、基准使用的字母和有关符号。

框格的端部具有带箭头的指引线，指引线垂直于框格引出，允许弯折，但不得多于两次；箭头垂直指向被测要素。框格和指引线均用细实线绘制。

（2）几何公差的数值

从相应的几何公差表中查出，标注时才用毫米做单位。若几何公差值为圆形、圆柱形或球形公差带的直径，则在公差值前加注符号 ϕ 或 $S\phi$，如图 5-4-3c）、d）所示。

（3）基准代号

采用大写字母，为避免混淆，不采用 E、F、I、J、M、L、O、P、R 等字母。当用两个或多个字母表示公共基准时，中间用短横线隔开，如图 5-4-3c）所示；当基准不止一个时，应按顺序依次填写第一、第二、第三等基准字母而与这些字母在字母表中的顺序无关，如图 5-4-3d）所示。

（4）注意

当需要表示被测要素的数量时，应写在框格的上方；属解释性说明者，应写在框格的下方，如图 5-4-3a）所示。

2）被测要素的标注方法

（1）当被测要素是组成要素时，指引箭头应指在轮廓线或其延长线上，且与尺寸线明显分开，如图 5-4-2 中圆度的标注。

（2）当被测要素是导出要素时，直引线箭头应与该要素对应的尺寸要素的尺寸线重合，如图 5-4-2 中同轴度的标注。

（3）当同一被测要素有多项形位公差要求时，可将多个公差框格画在一起，指引一条指引线，如图 5-4-4a）所示。

（4）当几个被测要素有同一项目的形位公差要求，且公差值相同时，可只用一个框格，在指引线上绘出多个箭头，分别与各被测要素相连，如图 5-4-4b）所示。

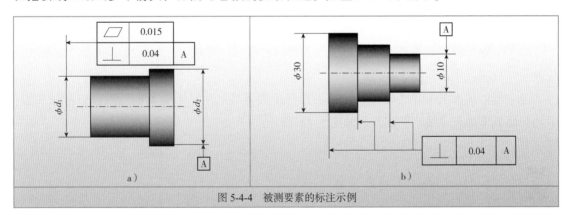

图 5-4-4　被测要素的标注示例

（5）当几个尺寸和形状都相同的被测要素有同一项目的形位公差要求时，可对其中一个要素绘制公差框格，并在框格上方标明要素的数量，如图 5-4-5 所示。

3）基准要素的标注方法

关联要素的位置公差有基准要求，必须注明基准。

基准通常有三种：由一个要素建立的基准称为单一基准；由两个或多个要素建立一个独

立的基准称为公共基准或组合基准；由三个互相垂直的基准平面构成一个基准体系。基准要素的标注示例如图 5-4-6 所示。

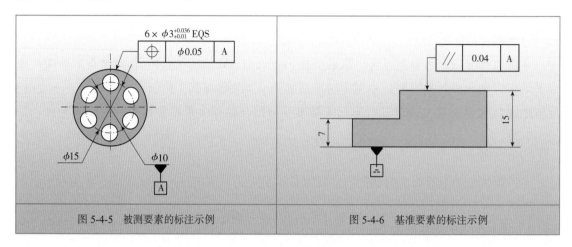

图 5-4-5　被测要素的标注示例　　　　　　　　图 5-4-6　基准要素的标注示例

（1）基准代号：由基准符号（涂黑或空白的三角形）、连线（细实线）、正方形和字母组成。正方形内填写表示基准的字母，无论基准代号在图样上的方向如何，正方形内的字母均应水平书写，如图 5-4-7 所示。

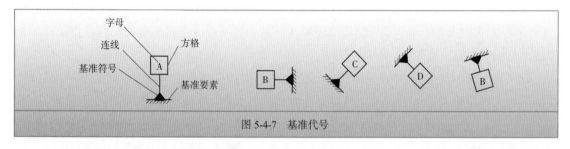

图 5-4-7　基准代号

（2）当中心要素作为基准时，基准代号的连线应与尺寸线对齐，并且基准符号总是放置在其尺寸线的异侧，如图 5-4-4 所示。

（3）当以轮廓要素作为基准时，基准符号应靠近或贴住基准要素的轮廓线或其延长线，且与轮廓要素的尺寸线明显错开，如图 5-4-6 所示。

和聪明的小蚂蚁一起做道题

【例题 5-4-1】试将下列几何公差要求标注在图上。

（1）$\phi18$mm 圆柱面的轴线直线度公差为 $\phi0.012$mm。

（2）$\phi25$mm 圆柱面轴线对 $\phi18$mm 圆柱面轴线的同轴度公差为 $\phi0.025$。

（3）$\phi6$mm 槽的中心平面相对于 $\phi18$mm 圆柱面轴线的对称度公差为 0.012mm。

（4）$\phi25$mm 圆柱面的素线直线度公差为 0.012mm。

（5）ϕ25mm 圆柱面的右端面相对于 ϕ18mm 圆柱面轴线的圆跳动公差为 0.02mm。

解：各标注如图 5-4-8 所示。

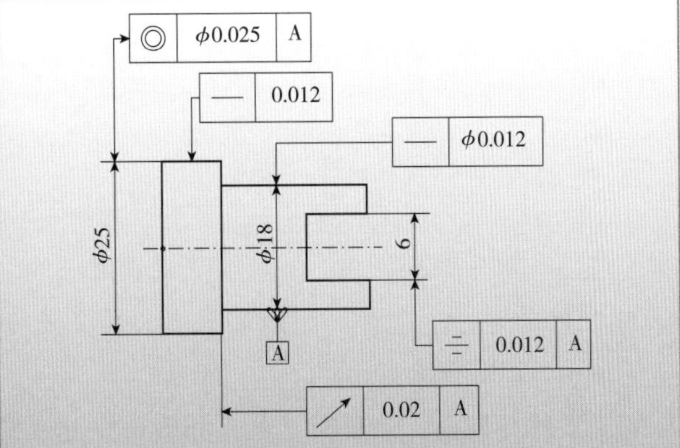

图 5-4-8　例 5-4-1 题图

 # 单 元 小 结

互换性原理始于兵器制造，互换性和标准化在现代化生产和技术进步中具有重要意义。

孔主要指圆柱体的内表面，也包括其他内表面中由某一单一尺寸确定的部分，轴主要指圆柱体的外表面，也包括其他外表面中由某一单一尺寸确定的部分。相互配合的孔和轴的公称尺寸相同。极限尺寸是允许尺寸变化的两个界限值，其中最大的一个称为上极限尺寸，最小的一个称为下极限尺寸。

极限偏差是极限尺寸减公称尺寸所得的代数差，它包含上极限偏差和下极限偏差，可以是正、负或零。尺寸公差是允许尺寸的变动量，是一个没有正、负的绝对值。公差带图可以表示出尺寸允许变动的界限及范围。

国家标准《产品几何技术规范（GPS）　极限与配合　公差带和配合的选择》（GB/T 1801—2009）规定了"标准公差系列"和"基本偏差系列"。经过标准化的公差和偏差制度称为极限制。两种制度的结合可以构成不同的孔轴公差带。

同一极限制的孔和轴组成的一种制度，称为配合制度。国家标准规定了两种配合制度：基孔制和基轴制。基孔制是基本偏差为一定的孔的公差带与不同的基本偏差的轴的公差带形成各种配合的一种制度。基轴制是基本偏差为一定的轴的公差带与不同的基本偏差的孔的公差带形成各种配合的一种制度。基孔制和基轴制都各有间隙配合、过渡配合、过盈配合三种配合。

常用量具有游标卡尺和外径千分尺。游标卡尺是一种常用量具，具有结构简单、使用方便、测量范围大等特点。通常用来测量长度、厚度、内外径、槽宽度以及深度等。游标卡尺的读数方法为：测量值＝主尺尺的读数＋（游标尺与主尺对齐的刻度线格子数 × 精度）。

外径千分尺是利用螺旋副的运动原理进行测量和读数的一种长度测量工具。外径千分尺的读数方法为：测量值＝固定套筒刻度数＋（微分筒刻度格子数 × 精度）。

根据实际被测量的孔径、轴径是否在规定的极限范围内，判定零件是否合格，判断孔轴配合性质。

国家标准《产品几何技术规范（GPS）几何公差形状、方向、位置和跳动公差标注》（GB/T 1182—2008）规定了形状公差、方向公差、位置公差及跳动公差四大类，共19种公差项目，用以控制集合误差、保证产品质量和互换性。

练 习 题

5-1 孔和轴的公差带由_____决定大小，由_____决定位置。

5-2 选择基准制时，应优先选择_____制。已知某基准孔的公差为 0.013mm，则它的下极限偏差为_____mm，上极限偏差为_____mm。

5-3 试将 $50^{+0.035}_{-0.015}$ 的孔与 $50^{+0.0018}_{-0.047}$ 的轴配合，试填写下表，并画出公差带图。

	孔	轴
公称尺寸		
上极限偏差		
下极限偏差		
公差		
上极限尺寸		
下极限尺寸		

5-4 根据配合代号 $\phi 45 \dfrac{H8\,\left(^{+0.039}_{0}\right)}{m7\,\left(^{00.024}_{+0.009}\right)}$ mm，完成下列各题。

（1）孔的下极限偏差为_____，轴的上极限偏差为_____；

（2）孔的公差为_____，轴的公差为_____；

（3）配合种类为_____，配合制为_____；

（4）画出孔、轴配合公差带图。

5-5 写出图 a）游标卡尺、图 b）外径千分尺显示的尺寸数值。

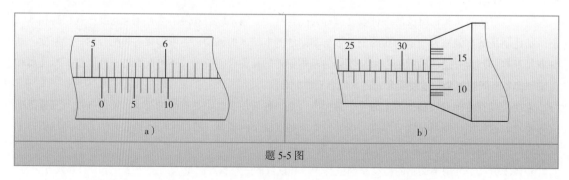

题 5-5 图

图 a）中游标卡尺读数为_____。图 b）中外径千分尺读数为_____。

5-6　写出图中游标卡尺和千分尺的读数。

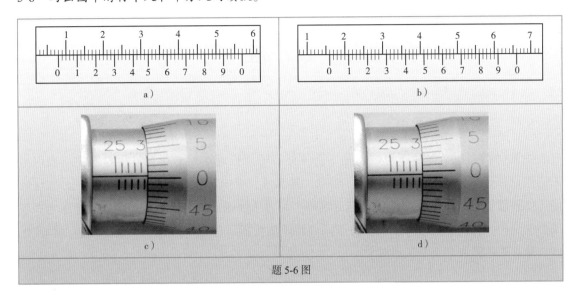

题 5-6 图

图 a）中游标卡尺的读数是_____。图 b）中游标卡尺的读数是_____。

图 c）中千分尺的读数是_____。图 d）中千分尺的读数是_____。

单元 6 工 程 材 料

6.1 金属材料的性能

金属材料的性能包括使用性能和工艺性能。使用性能是指材料在使用过程中所表现出来的性能，包括物理性能（如密度、熔点、导热性、导电性、热膨胀性和磁性等）、化学性能（如耐腐蚀性、抗氧化性和化学稳定性等）和力学性能。工艺性能是指金属材料从冶炼到成型的生产过程中，在各种加工条件下所表现出的性能，包括铸造性能、锻压性能、焊接性能、热处理性能和切削加工性等。

6.1.1 金属材料的力学性能

金属材料在受到外力时产生几何形状和尺寸的变化称为变形。变形一般分为弹性变形（图 6-1-1）和塑性变形（图 6-1-2）。

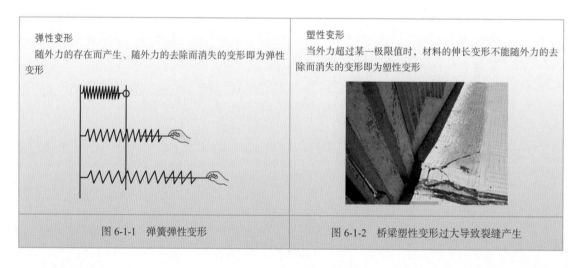

弹性变形 随外力的存在而产生、随外力的去除而消失的变形即为弹性变形	塑性变形 当外力超过某一极限值时，材料的伸长变形不能随外力的去除而消失的变形即为塑性变形
图 6-1-1　弹簧弹性变形	图 6-1-2　桥梁塑性变形过大导致裂缝产生

金属材料外力作用下所表现出来的性能即为力学性能，主要包括强度、塑性、硬度、冲击韧性和疲劳强度。

1）强度

在外力的作用下，材料抵抗塑性变形和断裂的能力称为强度。根据力的作用方式的不同，强度分为抗拉强度、抗压强度、抗弯强度、抗剪强度和抗扭强度等。一般情况下以抗拉强度作为判别金属强度高低的指标。

我们来看看抗拉强度的测试方法吧

抗拉强度是通过拉伸试验测定的。方法是用静拉力对标准试样进行轴向拉伸，同时连续测量力和相应的伸长量，直到试样断裂，从而得出拉伸力和伸长量的关系曲线，即力—伸长曲线，也称拉伸曲线图。图 6-1-3 所示为低碳钢的力—伸长曲线，图中纵坐标表示力 F，单位为 N；横坐标表示伸长量 ΔL，单位为 mm。

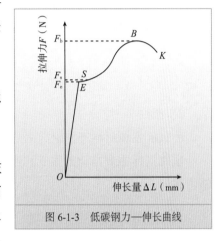

图 6-1-3 低碳钢力—伸长曲线

OE 段：弹性变形阶段

试样完全发生弹性变形，F_e 为试样承载发生变形后能恢复到原始形状和尺寸的最大拉伸力。

ES 段：屈服阶段

当荷载超过 F_e 再卸载时，试样的伸长只能部分恢复，有一部分变形保留下来，这种不能随荷载的去除而消失的变形，就是塑性变形。当荷载增加到 F_s 时，图上出现平台或锯齿状，即表示荷载不增加甚至略有减小，试样还会继续伸长，这种现象叫做屈服，F_s 即屈服荷载。屈服后，材料开始出现明显的塑性变形。

SB 段：强化阶段

屈服后，继续加载，试样继续伸长，变形增大，试样的变形抗力也继续增大，这种现象叫做形变强化或加工硬化。F_b 为拉伸试样试验时的最大荷载。

BK 段：缩颈阶段

荷载超过 F_b 时，试样直径局部收缩，即缩颈。缩颈处横截面面积减小，试样变形所需的荷载随之降低，这时伸长主要集中于缩颈部位，直至断裂。

当承受拉力时，强度特性指标主要是屈服强度和抗拉强度。

$$\sigma_s = \frac{F_s}{S}$$

式中：σ_s——屈服强度（MPa）；

F_s——屈服荷载（N）；

S——横截面面积（mm^2）。

$$\sigma_b = \frac{F_b}{S}$$

式中：σ_b——抗拉强度（MPa）；

F_b——最大荷载（N）；

S——横截面面积（mm^2）。

如图 6-1-4 所示，机械零件在工作时如果受力过大，则可能因过量的塑性变形而失效，甚至产生断裂。

图 6-1-4　机械零件受力过大导致的断裂

2）塑性

断裂前金属材料产生永久变形的能力称为塑性。

塑性指标主要是伸长率 δ 和断面收缩率 Ψ。伸长率和断面收缩率数值越大，表示材料的塑性越好。

$$\delta = \frac{l_1 - l_0}{l_0} \times 100\%$$

式中：δ——伸长率（%）；

　　　l_1——试样断裂后的标距（mm）；

　　　l_0——试样的原始标距（mm）。

$$\Psi = \frac{s_0 - s_1}{s_0} \times 100\%$$

式中：Ψ——断面收缩率（%）；

　　　s_1——试样拉断后缩颈处的横截面面积（mm²）；

　　　s_0——试样原始横截面面积（mm²）。

3）硬度

材料抵抗局部变形、压痕或划痕的能力称为硬度。

布氏硬度原理：如图 6-1-5 所示，用一定直径的球体（钢球或硬质合金），以规定的试验力压入试样表面，经规定保持时间后卸除试验力，然后通过测量表面压痕直径来计算硬度。

洛氏硬度原理：如图 6-1-6 所示，采用金刚石圆锥体或淬火钢球压头，压入金属表面，经规定保持时间后卸除试验力，以测量的压痕深度来计算洛氏硬度。

维氏硬度原理：如图 6-1-7 所示，将相对面夹角为 136° 的正四棱锥体金刚石压头以选定的试验力压入试样表面，经规定保持时间后卸除试验力，用测量压痕对角线的长度来计算硬度。

根据测试方法的不同，硬度指标有布氏硬度（HBW）、洛氏硬度（HCR）和维氏硬度（HV）等。

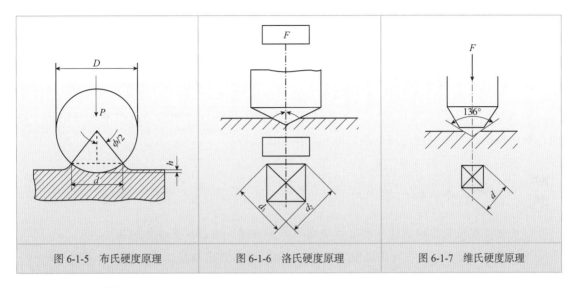

图 6-1-5 布氏硬度原理	图 6-1-6 洛氏硬度原理	图 6-1-7 维氏硬度原理

4）冲击韧性

很多零件，如齿轮、连杆等，因工作时受到很大的冲击载荷而断裂。我们把材料在冲击荷载作用下抵抗变形和断裂的能力称为冲击韧性。图 6-1-8 所示为齿轮受冲击荷载过大而破坏的情况。

a）齿轮冲击破坏　　　　　　　　　　b）轮齿折断

图 6-1-8 受冲击荷载过大而破坏的齿轮

冲击韧性用冲击韧度 a_k 表示。

a_k 值越大，材料的韧性越好。一般把铸铁等 a_k 值低的材料称为脆性材料，不能用来制造承受冲击荷载的零件。

5）疲劳强度

如图 6-1-9 所示，许多机械零件，如轴、齿轮、轴承等，虽然工作应力低于材料的屈服点，但因长时间受到交变应力的作用，会产生裂纹甚至完全断裂，这种现象称为金属的疲劳。疲劳强度是金属材料在无限多次交变荷载作用下而不破坏的最大应力，又称为疲

图 6-1-9 疲劳点蚀

劳极限。

当材料受到的交变应力是对称循环应力时，疲劳强度指标用 σ_{-1} 表示。

6.1.2 金属材料的工艺性能

金属材料的工艺性能是指材料在各种加工条件下所表现出来的适应性能，包括铸造性能、锻压性能、焊接性能、热处理性能和切削加工性等。

 和聪明的小蚂蚁一起了解一下吧

铸造性能是指材料铸造成型过程中获得外形准确、内部健全铸件的能力。

锻压性能是指材料用铸压成型方法获得优良锻件的难易程度，是锻造和冲压的总称。

焊接性能是指材料在一定的焊接工艺条件下获得优质焊接接头的难易程度。

切削加工性能是指材料切削加工的难易程度。

热处理性能是指材料通过适当的加热、保温、冷却等热处理工艺，获得良好的切削加工性能和力学性能的能力。

如图 6-1-10 所示为铸造、焊接、车削工艺图。

a）铸造　　　　　　　　　　b）焊接　　　　　　　　　　c）车削

图 6-1-10　铸造、焊接、车削工艺图

6.2 黑色金属材料

金属材料分为黑色金属和有色金属两大类，常用的黑色金属主要有钢和铸铁两种。钢是含碳量大于 0.0218%、小于 2.11% 的铁碳合金，工业上常用的铸铁一般是指含碳量在 2.5%~4.0% 范围内的铁碳合金。

 小蚂蚁告诉你一个小秘密

黑色金属在工业上通常是对铁、铬、锰及其合金的统称。事实上纯净的铁、锰是银白色的，而铬是银灰色的。由于铁、铬、锰三种金属都是冶炼钢铁的主要原料，而钢铁表面通常覆盖一层黑色的四氧化三铁，所以会被"错误分类"为黑色金属。黑色金属的产量约占世界金属总产量的95%。

6.2.1 钢

钢的主要元素除铁、碳外，还有硅、锰、硫、磷等。硅能提高钢的强度，使钢具有极高的磁导率；锰能提高钢的硬度和耐磨性；磷和硫都是有害元素，会降低钢的韧性，使钢变脆。

1）钢的分类

钢通常有三种分类方式，分别如图6-2-1~图6-2-3所示。

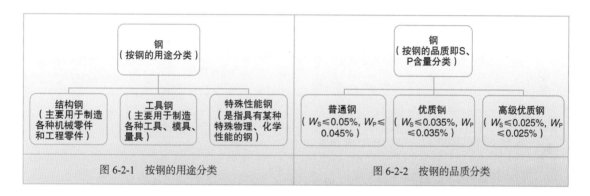

图 6-2-1　按钢的用途分类　　　　图 6-2-2　按钢的品质分类

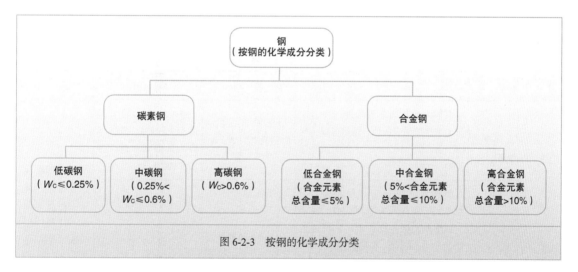

图 6-2-3　按钢的化学成分分类

2）钢的编号

钢的品种繁多，为了管理和使用的方便，每一种钢都有一个简明的编号，从钢的编号中可以看出钢的化学成分或钢的用途。我国的钢材编号采用国际化元素符号和汉语拼音并用的原则。碳素钢的编号原则如表6-1-1所示。

碳素钢的编号原则　　　　　　　　　　　　　　　表 6-1-1

分类	细目	编号原则	简述	举例
碳素钢	普通碳素结构钢	采用代表屈服强度的拼音字母 Q、屈服强度数值（单位为 MPa）和规定的质量等级（A、B、C、D）、脱氧方法（F、Z、TZ）等符号，按顺序组成牌号	Q+屈服强度+质量等级（A、B、C、D）+脱氧方法（F、Z、TZ）	Q235AF，即表示屈服强度为235MPa、A 等级质量的沸腾钢
	优质碳素结构钢	其牌号用两位数字表示钢的平均含碳量的万分数。较高含锰量钢牌号后面标出 Mn	××（含碳量万分数）或者 ××Mn（含锰量高）	45 钢，即表示平均含碳量为0.45% 的优质碳素结构钢
	碳素工具钢	以汉字"碳"的汉语拼音字母字头 T 以及后面的一位或两位阿拉伯数字表示，其数字表示钢中平均含碳量的千分数	T×或者 T××（含碳量千分数）+A（高级优质钢）	T8，即表示平均含碳量为0.80% 的优质碳素工具钢
	铸造碳钢	其牌号用 ZG 代表铸钢，后面第一组数字为屈服强度数值，第二组数字为抗拉强度数值	ZG××（屈服强度数值）—（抗拉强度数值）	ZG200—400，即表示屈服强度为200MPa、抗拉强度为400MPa的一般工程用铸造碳钢

 和聪明的小蚂蚁一起做几道练习

你认识 Q275、60Mn、T12、ZG230—450 吗？它们分别属于哪种类型的钢？

合金钢的编号原则见表 6-1-12。

合金钢的编号原则　　　　　　　　　　　　　　　表 6-1-2

分类	细目	编号原则	简述	举例	备注
合金钢	低合金高强度结构钢	其牌号由代表屈服强度的拼音字母 Q、屈服强度数值、质量等级符号（A、B、C、D、E）三个部分按顺序排列	Q+屈服强度+质量等级（A、B、C、D）	Q390A 表示屈服强度为390MPa、质量等级为 A 的低合金高强度结构钢	各种高级优质合金钢在牌号的最后标上 A，但是，滚动轴承钢都是高级优质钢，但在牌号后不加 A
	合金结构钢	牌号由两位数字（含碳量万分数）、元素符号（或汉字）、数字（元素含量百分数）表示。两位数字表示钢的平均含碳量的万分数；元素符号（或汉字）表示钢中含有的主要合金元素，后面的数字表示该元素的百分含量。合金元素含量小于1.5% 时不标数字，含量为1.5%~2.5%、2.5%~3.5%、…时，则相应的标以 2、3、…	××（含碳量万分数）+元素符号（或汉字）+数字（元素含量百分数，小于1.5% 时不标）	30CrMoA 表示平均含碳量为0.3%，含铬、钼小于1.5% 的高级优质合金结构钢	

续上表

分类	细目	编号原则	简述	举例	备注
合金钢	合金工具钢	牌号由一位数字（含碳量千分数）、元素符号（或汉字）、数字（元素含量百分数）表示。当含碳量不小于1.0%时，则不予标出，其他与合金结构钢相同。高速钢含碳量均不标出，如W18Cr4V	×（含碳量千分数，大于等于1.0%时不标）+元素符号（或汉字）+数字（元素含量百分数，小于1.5%时不标）	9SiCr表示平均含碳量为0.90%、硅、铬含量均小于1.5%的合金工具钢	各种高级优质合金钢在牌号的最后标上A，但是，滚动轴承钢都是高级优质钢，但在牌号后不加A
	特殊性能钢	特殊性能钢的牌号表示方法与合金工具钢相同。只是当含碳量为0.03%~0.10%时，用0表示，含碳量小于或等于0.03%时，用00表示，如0Cr18Ni9、00Cr3Mo2	×（含碳量千分数，大于等于1.0%时不标）+元素符号（或汉字）+数字（元素含量百分数，小于1.5%时不标）	2Cr13表示平均含碳量为0.20%、含铬量为13%的不锈钢	

 和聪明的小蚂蚁一起做几道练习

你认识 Q390、20CrMn、9Mn2V、3Cr13 吗？它们分别属于哪种类型的钢？

3）钢的用途

（1）碳素钢

碳素钢分为普通碳素结构钢（图6-2-4）、优质碳素结构钢（图6-2-5）、碳素工具钢（图6-2-6）、铸造碳钢（图6-2-7）。

普通碳素结构钢冶炼方便，价格便宜，工艺性好，通常轧制成钢板和各种型材，用于厂房、桥梁、船舶等建筑结构和一些受力不大的机械零件（如铆钉、螺钉、螺母），常用的有Q215、Q235等

a）普通螺栓　　　　　　　b）地板

图6-2-4　普通碳素结构钢的应用

优质碳素结构钢既能保证力学性能又保证化学成分，而且钢中的有害杂质硫、磷含量较低，广泛用于制造较重要的零件，如销子、螺钉、垫圈、连杆、曲轴、齿轮、联轴器、气门弹簧等

a）螺栓　　　　b）曲轴　　　　c）气门弹簧

图6-2-5　优质碳素结构钢的应用

　　碳素工具钢价廉易得，易于锻造成型，切削加工性也比较好，但是淬透性差，畸变和开裂倾向性大，耐磨性和热强度都很低。因此，碳素工具钢只能用来制造一些小型手工刀具或木工刀具，以及精度要求不高、形状简单、尺寸小、负荷轻的小型冷作模具，如用来制造手工锉刀、手锤、冷冲模、冷镦模等

a）手工锉刀　　　　　　　　　　b）手锤　　　　　　　　　　c）手工锯条

图 6-2-6　碳素工具钢的应用

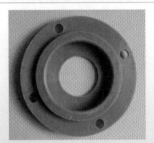 

铸造碳钢一般用于制造形状复杂、力学性能要求较高的机械零件，广泛用于制造轴承盖、轧钢机机架、大齿轮等

a）轴承盖　　　　　　　　　b）轧钢机机架

图 6-2-7　铸造碳钢的应用

（2）合金钢

　　合金钢是为了改善钢的性能，特意加入硅、锰、铬、镍、钨、钒、钴、铅、钛和稀土金属等合金元素，通过与钢中的铁和碳发生作用，以及合金元素之间的作用，影响钢的组织，改善钢的热处理性能等，以满足各种使用性能的要求。

　　①合金结构钢

　　合金结构钢分为低合金结构钢（图 6-2-8）、合金渗碳钢（图 6-2-9）、合金调质钢（图 6-2-10）、合金弹簧钢（图 6-2-11）和滚动轴承钢（图 6-2-12）。

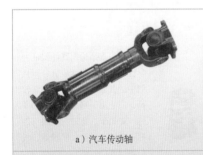 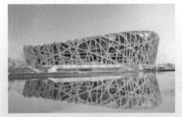

低合金结构钢虽然是一种低碳、低合金的钢材，但具有较高的屈服强度和良好的塑性和韧性、良好的焊接性和一定的耐蚀性，因此广泛应用于桥梁、船舶和车辆等领域。2008 年北京奥运会主体育场鸟巢为了克服普通钢材质量大、钢板厚、焊接困难的缺陷，采用了 Q460 作为施工材料

a）汽车传动轴　　　　　　　　　b）鸟巢

图 6-2-8　低合金结构钢的应用

a）齿轮

b）活塞销

合金渗碳钢是在铁碳合金中加入铬、镍、锰等合金元素，并经过渗碳后再进行淬火和低温回火，具有外硬内韧的性能，可用来制造既具有良好的耐磨性和耐疲劳性，又能承受冲击荷载的零件。如汽车、拖拉机中的变速齿轮，内燃机中的凸轮和活塞销。20CrMnTi 是应用最广泛的合金渗碳钢

图 6-2-9　合金渗碳钢的应用

a）花键轴

b）偏心轴

合金调质钢一般指经过调质处理（淬火和高温回火）后的合金结构钢，具有良好的综合力学性能，如 40Cr、40MnB 等。这种钢经调质后用于制造承受中等负荷及中等速度工作的机械零件，如汽车的转向节、后半轴以及机床上的齿轮、轴、蜗杆、花键轴、顶尖套等

图 6-2-10　合金调质钢的应用

a）卷簧

b）板簧

合金弹簧钢具有高弹性极限、高疲劳强度、足够的塑性和韧性以及良好的表面质量，用于制造各种弹簧

图 6-2-11　合金弹簧钢的应用

a）球轴承

b）圆锥滚子轴承

滚动轴承钢具有高接触疲劳强度、高硬度和高耐磨性、高弹性极限和一定的冲击韧性，并具有一定的抗蚀性，常用来做各种滚动轴承的滚动体和内外套圈。常用的有 GCr4、GCr15、GCr15SiMn、GCr15SiMo、GCr18Mo 等

图 6-2-12　滚动轴承钢的应用

②合金工具钢（图 6-2-13）

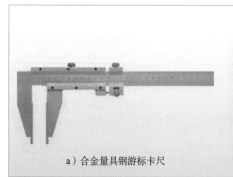

合金工具钢是在碳素工具钢的基础上，加入适量的合金元素，使其具有更高的硬度、耐磨性、更好的淬透性、热硬性和回火稳定性，因此，尺寸大、精度高和形状复杂的模具、量具以及切削速度较高的刀具，均采用合金工具钢制造

a）合金量具钢游标卡尺　　　　b）合金高速钢刀具

图 6-2-13　合金工具钢的应用

③特殊性能钢（图 6-2-14、图 6-2-15）

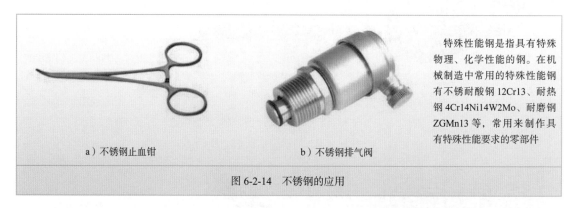

特殊性能钢是指具有特殊物理、化学性能的钢。在机械制造中常用的特殊性能钢有不锈耐酸钢 12Cr13、耐热钢 4Cr14Ni14W2Mo、耐磨钢 ZGMn13 等，常用来制作具有特殊性能要求的零部件

a）不锈钢止血钳　　　　b）不锈钢排气阀

图 6-2-14　不锈钢的应用

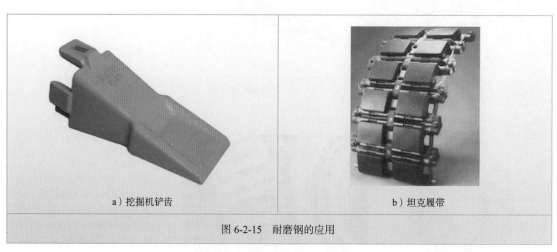

a）挖掘机铲齿　　　　b）坦克履带

图 6-2-15　耐磨钢的应用

6.2.2　铸铁

含碳量大于 2.11% 的铁碳合金称为铸铁，它是工业上广泛应用的一种铸造金属材料，比

碳钢含有较多的硫、磷等杂质元素。根据铸铁中石墨形态的不同，可以将铸铁分为灰铸铁（图6-2-16）、球墨铸铁（图6-2-17）、可锻铸铁（图6-2-18）、蠕墨铸铁（图6-2-19）四类。

灰铸铁的碳大部分或全部以自由状态的片状石墨形式存在，因其端口的外貌呈浅灰色，故称为灰铸铁（灰铁）。灰铸铁牌号是用HT（灰铁）和数字（最低抗拉强度）表示的，如HT150表示抗拉强度为150MPa的灰铸铁。灰铸铁有一定的力学性能和良好的被切削性能，因其价格便宜，普遍应用于工业中

球墨铸铁抗拉强度远远超过灰铸铁，与钢相比具有良好的铸造性能、耐磨性能、减振性能和切削性能。球墨铸铁的牌号用QT（球铁）和两组数字（最小抗拉强度值和最小伸长率）来表示。例如QT400-15表示最小抗拉强度为400MPa、最小伸长率为15%的球墨铸铁。因其兼有钢和铸铁优点，在机械工程上应用广泛

 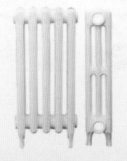

a）灰铸铁阀体 b）灰铸铁暖气片

图6-2-16 灰铸铁的应用

a）球墨铸铁管件 b）球墨铸铁沙井盖

图6-2-17 球墨铸铁的应用

可锻铸铁俗称马铁或玛铁，因其具有一定的塑性变形得名可锻铸铁，实际上可锻铸铁并不能锻造，其强度、塑性和韧性比灰铸铁高，也具有良好的铸造性能、耐磨性能、减振性能和切削性能，常用来制造承受冲击荷载的铸件。可锻铸铁分为黑心可锻铸铁和珠光体可锻铸铁，牌号用KTH（Z）（可铁）+数字（抗拉强度）、数字（最小伸长率）来表示，H表示黑心可锻铸铁，Z表示珠光体可锻铸铁。例如，KTH330-08表示最小抗拉强度为330MPa、最小伸长率为8%的黑心可锻铸铁

a）可锻铸铁直管接头 b）可锻铸铁转向节壳

图6-2-18 可锻铸铁的应用

蠕墨铸铁是在高碳、低硫、低磷的铁水中加入蠕化剂，经蠕化处理后，使石墨变为短蠕虫状的高强度铸铁。主要应用于承受循环荷载、要求组织致密、强度要求高、形状复杂的零件，如气缸盖、进排气管、液压件等。牌号用RUT（蠕铁）+数字（抗拉强度）来表示。例如，RUT420表示最小抗拉强度为420MPa的蠕墨铸铁

a）发动机缸体 b）排气管

图6-2-19 蠕墨铸铁的应用

6.3 钢的热处理

钢的热处理在机械制造中占据十分重要的地位。它可以充分发挥钢材的潜力，提高工件的性能和使用寿命，减轻工件质量，节约材料。例如，汽车 70%~80% 的零件、机床工业中 60%~70% 的零件、飞机的全部零件都要进行热处理（图 6-3-1）。

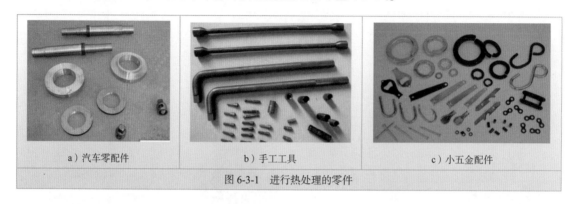

| a）汽车零配件 | b）手工工具 | c）小五金配件 |

图 6-3-1　进行热处理的零件

6.3.1　钢的热处理的概念和分类

1）概念

钢的热处理是指将钢在固态下以适当的方法进行加热、保温和冷却以获得所需组织与性能的工艺过程。三个组成阶段可以用热处理工艺曲线表示，见图 6-3-2。

2）分类

根据目的和要求的不同，热处理的分类如图 6-3-3 所示。

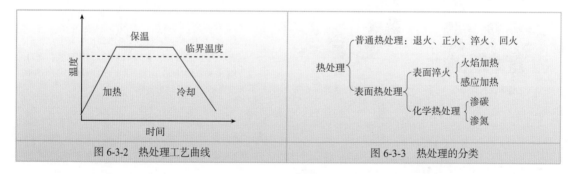

| 图 6-3-2　热处理工艺曲线 | 图 6-3-3　热处理的分类 |

6.3.2　钢的普通热处理

钢的最基本热处理工艺有退火、正火、淬火和回火等。图 6-3-4 中的齿轮，其制造工艺过程为：锻造→退火或正火→车削→淬火 + 回火→滚齿→齿部感应淬火 + 回火→磨削。

退火、正火被安排在锻造（或铸造）之后，切削加工之前，称为预先热处理。其目的是消除毛坯加工时产生的应力，为后续加工改善工艺性能或为零件的最终热处理做好准备。

淬火、回火通常被安排在粗加工之后、精加工之前，是为了满足零件使用条件下的性能要求而进行的热处理，称为最终热处理。

1）钢的退火

退火是指将钢加热到适当温度，保温一定时间，随炉冷至600℃出炉缓慢冷却的热处理工艺。根据钢的成分、退火的工艺与目的的不同，退火通常分为完全退火、球化退火、去应力退火。

（1）完全退火

完全退火主要用于亚共析成分的碳钢、合金钢的铸件、锻件、热轧件及焊接件。

完全退火的作用：钢通过完全退火可消除内应力，细化晶粒，改善组织，降低硬度，便于切削加工。一般常作为一些不重要工件的最终热处理，或作为某些工件的预先热处理，如图6-3-5所示的盘圆线材等的完全退火。

| 图6-3-4　斜齿圆柱齿轮 | 图6-3-5　盘圆线材 |

（2）球化退火

球化退火主要用于过共析的碳钢及合金工具钢（如制造刃具、量具、模具所用的钢种）。

球化退火的作用：一是降低硬度（硬度为170~210HBS），改善切削加工性能；二是为淬火提供良好的原始组织，从而在淬火及回火后得到最佳的组织和性能。如滚动轴承钢加工的滚动轴承和量具刃具钢加工的量具刃具的预先热处理均为球化退火，如图6-3-6所示。

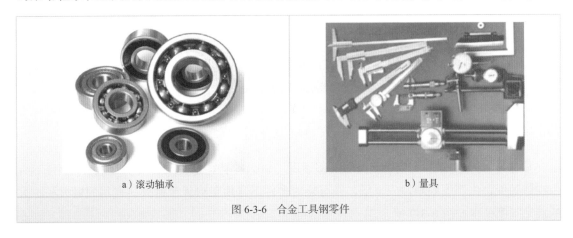

a）滚动轴承　　　　　　　　　　b）量具

图6-3-6　合金工具钢零件

（3）去应力退火

如图 6-3-7 所示的机床床身铸件、热锻模坯料铸造、锻造后需进行退火，用来消除这些铸件、锻件，焊接件，热轧件，冷拉件等的残余应力，以减少工件在加工及使用过程中的变形，降低硬度，利于切削加工。

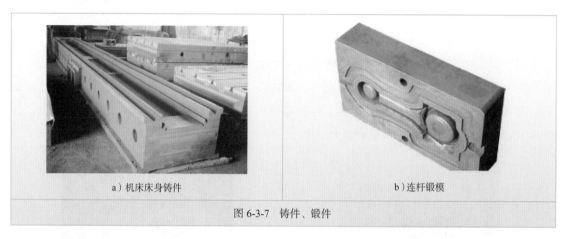

| a）机床床身铸件 | b）连杆锻模 |

图 6-3-7　铸件、锻件

2）钢的正火

正火是指将钢加热到适当温度，保持一定时间后出炉在空气中冷却的热处理工艺。

正火的作用：

（1）作为普通零件的最终热处理。

（2）细化晶粒，用于低碳钢，可提高硬度，改善切削加工性。

（3）用于中碳钢和性能要求不高的零件，可以代替调质处理改善低碳钢的切削加工性，制作较重要零件的预热处理（图 6-3-8）。

（4）用于高碳钢，消除过共析钢中的网状渗碳体，为球化退火做好组织准备。

| a）正火试样 | b）正火零件出炉前 | c）正火零件在空气中冷却 |

图 6-3-8　正火

正火与退火的主要区别是正火的冷却速度比退火要快，钢件的强度、硬度也稍有提高，且操作简便，生产周期短，成本低，在可能的条件下宜用正火代替退火。常用的退火和正火的加热温度范围如图 6-3-9 所示。

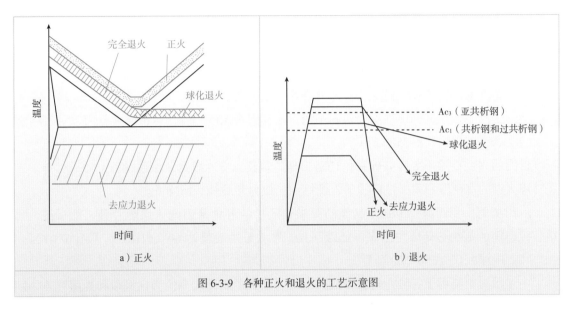

图 6-3-9 各种正火和退火的工艺示意图

3）钢的淬火

淬火是指将钢加热到适当温度，保持一定时间，然后快速冷却的热处理工艺。

目前生产中，非合金钢淬火一般采用水冷（纯水或 10% 食盐水溶液），合金钢淬火一般采用油冷（如机油、变压器油等），见图 6-3-10、图 6-3-11。

a）大型合金钢工件油冷淬火 b）合金钢轴承套油冷淬火 c）45 钢螺栓水冷淬火

图 6-3-10 淬火

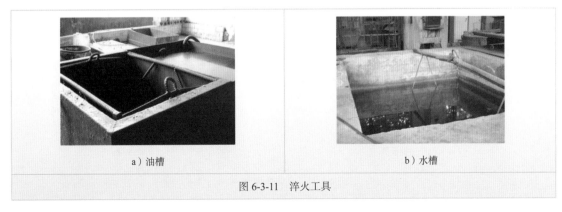

a）油槽 b）水槽

图 6-3-11 淬火工具

4）钢的回火

回火是指将淬火钢重新加热到低于 727℃的某一温度，保温一定时间，然后在空气中冷却到室温的热处理工艺。淬火钢必须及时回火。回火的目的是减少或消除淬火时产生的内应力，防止工件变形和开裂，稳定工件尺寸及获得工件所需的组织和性能。

实际生产中，根据钢件性能要求的不同，按其回火温度范围，可将回火分为以下三种。

（1）低温回火（150~250℃）

低温回火主要用于各种高碳钢的切削工具、量具、冷冲模具、滚动轴承、渗碳件等。在保持淬火钢的高硬度和耐磨性前提下，使钢的内应力和脆性有所降低。

应用实例：用刃具钢 9SiCr 制作的要求变形小的各种薄刃低速切削刃具，如板牙、丝锥、铰刀等的最终热处理为淬火 + 低温回火，热处理后硬度达 60~65HRC，见图 6-3-12。

（2）中温回火（250~500℃）

中温回火主要用于各种弹簧及模具的处理。回火后获得较高的弹性极限和屈服强度，同时又具有高的强度和足够的韧性和硬度，热处理后硬度可达 40~48HRC。

应用实例：合金弹簧钢 60Si2Mn 钢制造的厚度小于 10mm 的板簧和截面尺寸小于 25mm 的螺旋弹簧，在重型机械、铁道车辆、汽车、拖拉机上都有广泛的应用。通常采用的热处理方式是淬火 + 中温回火，见图 6-3-13。

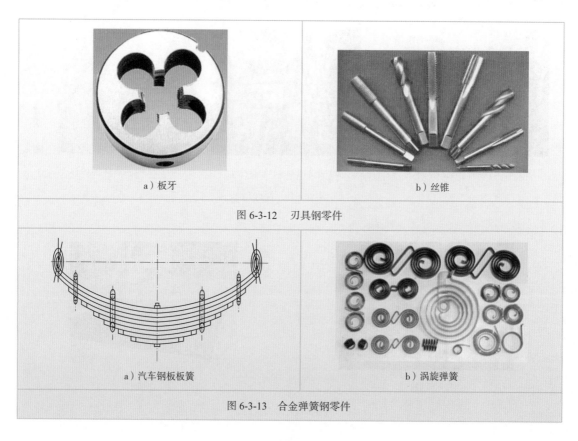

a）板牙　　　　　　　　　　　b）丝锥

图 6-3-12　刃具钢零件

a）汽车钢板板簧　　　　　　　　b）涡旋弹簧

图 6-3-13　合金弹簧钢零件

（3）高温回火（500~650℃）

高温回火主要用于各种轴、齿轮、连杆、高强度螺栓等。回火后硬度一般为20~35HRC，可以获得较高强度与一定韧性相配合的良好综合力学性能，如图6-3-14所示。

通常将淬火＋高温回火称为调质处理。

钢经调质处理后不仅强度较高，而且塑性与韧性明显超过正火状态。因此，重要的结构零件均要进行调质处理而不是正火。45钢调质和正火后力学性能的比较见表6-3-1。

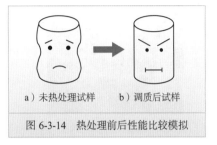

a）未热处理试样　　b）调质后试样

图 6-3-14　热处理前后性能比较模拟

45 钢经调质和正火后的力学性能　　表 6-3-1

热处理状态	σ_b（MPa）	$\delta \times 100$	α（J/cm）	硬度（HBS）
正火	700~800	15~20	50~80	162~220
调质	750~850	20~25	80~120	210~250

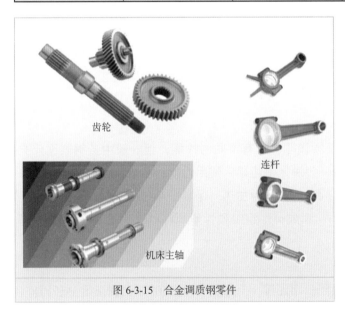

齿轮

连杆

机床主轴

图 6-3-15　合金调质钢零件

应用实例：合金调质钢中应用最广泛的40Cr钢制作的重要中小型调质件，如机床齿轮、主轴、花键轴、顶尖套等；35CrMo制造的截面较大、荷载较重的调质件和较为重要的中型调质件，如汽轮机的转子、重型汽车的曲轴等；氮化钢38CrMoAl制造的尺寸精确、表面耐磨性要求很高的中小型调质件，如精密磨床主轴、精密镗床丝杠等零件的最终热处理均为调质处理。调质处理后的零件具有良好的综合力学性能，见图6-3-15。

6.3.3　钢的表面热处理

在冲击荷载、交变荷载及摩擦条件下工作的机械零件，如齿轮、曲轴、凸轮轴和活塞销等，表层要求高硬度、高耐磨性，且芯部要有足够的强度和韧性。普通热处理方法无法满足上述零件表里性能不一致的要求，故采用表面淬火和化学热处理来解决这个问题。

1）表面淬火

（1）目的

表面淬火是指仅对工件表层进行淬火的热处理工艺。其目的是使表层具有高硬度和耐磨

感应加热利用交变电流在工件表面感应巨大涡流，使工件表面迅速加热的方法

图 6-3-16 轴的高频加热表面淬火

性而芯部具有足够的塑性和韧性，即表硬里韧。

（2）应用

表面淬火适用于承受弯曲、扭转、摩擦和冲击的零件，如机床主轴、阶梯轴、汽车发动机曲轴、齿轮的齿形表层等，如图 6-3-16 所示。

（3）加热方法

加热方法有感应加热（图 6-3-17）和火焰加热（图 6-3-18）两种。

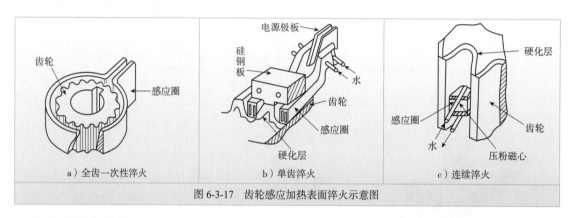

a）全齿一次性淬火　　　b）单齿淬火　　　c）连续淬火

图 6-3-17 齿轮感应加热表面淬火示意图

2）化学热处理

前面所述的表面淬火虽然使工件表层和芯部具有不同的性能，但一般中碳钢表面淬火后，其表面硬度还是较低，耐磨性较差，为满足上述零件使用性能的要求，可以采用化学热处理。化学热处理是指将工件置于适当的活性介质中加热、保温、冷却的方法，使一种或几种元素渗入钢件的表层，以改变表层的化学成分、组织和性能的热处理工艺。化学热处理的种类很多，最为常见的有渗碳和渗氮。

（1）钢的渗碳

渗碳是指将工件在渗碳介质中加热到一定温度（一般为 900~950℃），保温足够长时间，使表面层的碳浓度升高的热处理工艺。见图 6-3-19 的模拟演示。

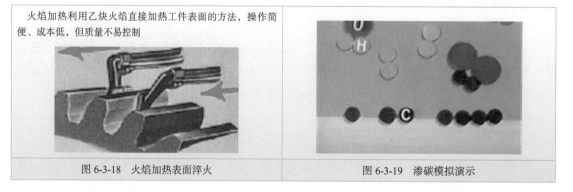

火焰加热利用乙炔火焰直接加热工件表面的方法，操作简便、成本低，但质量不易控制

图 6-3-18 火焰加热表面淬火　　　图 6-3-19 渗碳模拟演示

　　根据介质的不同，渗碳可以分为固体渗碳、液体渗碳、气体渗碳，其中气体渗碳应用最为广泛。如图 6-3-20 所示的工人师傅正从井式炉中取出渗碳零件。

　　应用实例：合金渗碳钢中应用最广泛的 20CrMnTi 钢制作的截面在 30mm 以下、高速运转并承受中等或重荷载的重要渗碳件，如汽车、拖拉机的变速齿轮、轴等零件（图 6-3-21）；20Cr2Ni4 钢制作的大截面，较高荷载、交变荷载下工作的重要渗碳件，如内燃机车的主动牵引齿轮、柴油机曲轴等；20Cr 钢制造的负荷不大、小尺寸的一般渗碳件，如小轴、小齿轮、活塞销等零件的最终热处理一般是渗碳后淬火加上低温回火，使表层获得高硬组织，表面硬度一般可达 58~64HRC，而芯部组织具有良好的强韧性（图 6-3-22）。

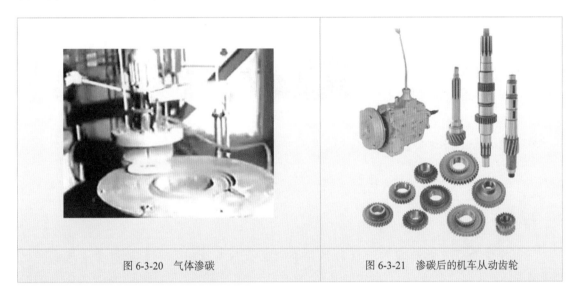

图 6-3-20　气体渗碳　　　　　　图 6-3-21　渗碳后的机车从动齿轮

（2）钢的渗氮（氮化）

　　渗氮是指向钢的表面渗入氮原子以提高表面层氮浓度的热处理过程，适用于表面要求耐磨、耐热、耐腐蚀的精度要求高的零件，如仪表的小轴、轻载齿轮及重要的曲轴等，见图 6-3-23。

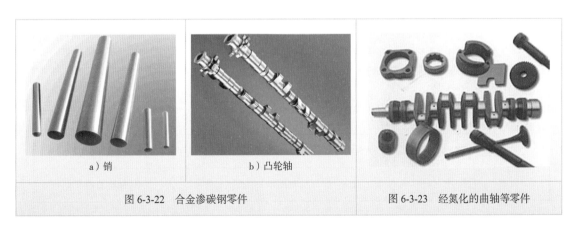

a）销　　　　　　b）凸轮轴

图 6-3-22　合金渗碳钢零件　　　　　　图 6-3-23　经氮化的曲轴等零件

常见的渗氮方式有液体渗氮、气体渗氮、离子渗氮。传统的气体渗氮是把工件放入密封容器中，通以流动的氨气并加热，保温较长时间后，氨气热分解产生活性氮原子，不断吸附到工件表面，并扩散渗入工件表层内，从而改变表层的化学成分和组织，获得优良的表面性能，见图 6-3-24 的模拟演示。如果在渗氮过程中同时渗入碳以促进氮的扩散，则称为氮碳共渗。最常用的是气体渗氮和离子渗氮。如图 6-3-25b）所示的工人师傅正从井式炉中取出渗氮零件。

a）井式气体软氮化炉

b）取出渗氮零件

图 6-3-24　渗氮模拟　　　　　　　　　　　图 6-3-25　渗氮

拓展阅读

你知道为什么热处理前后材料性能有那么大的变化吗？小蚂蚁带你去试验室看看吧。

观察显微组织试验状态表

类　　型		含碳量（%）	显　微　组　织	浸　湿　剂
工业纯铁		< 0.02	铁素体	4% 硝酸酒精溶液
碳钢	亚共析钢	0.02~0.77	铁素体 + 珠光体	4% 硝酸酒精溶液
	共析钢	0.77	珠光体	4% 硝酸酒精溶液
	过共析钢	0.77~2.11	珠光体 + 二次渗碳体	4% 硝酸酒精溶液
白口铸铁	亚共晶白口铸铁	2.11~4.30	珠光体 + 二次渗碳体 + 莱氏体	4% 硝酸酒精溶液
	共晶白口铸铁	4.30	莱氏体	4% 硝酸酒精溶液
	过晶白口铸铁	4.30~6.69	莱氏体 + 二次渗碳体	4% 硝酸酒精溶液

（1）碳钢的退火、正火、淬火及回火显微组织形态

①碳钢的退火组织

碳钢的退火组织接近其平衡组织：工业纯铁的组织为铁素体，有时会出现极少量珠光体；亚共析钢为珠光体＋铁素体；共析钢为珠光体；过共析钢为珠光体＋二次渗碳体。在金相显微镜下，铁素体为亮白色，珠光体是由铁素体和渗碳体所构成的片层状组织，在高倍显微镜下可清楚分辨其片层，但片层太细小或放大倍数较小则无法区分，有时只能看到灰色或黑色一片（经染色处理后可分辨）。珠光体内的渗碳体很细小，在显微镜看到的往往是其边界呈黑色，在过共析钢中呈粗大网状时则为白色。见图6-3-26。

   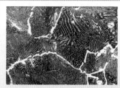

| a）工业纯铁 | b）亚共析钢 | c）共析钢 | d）过共析钢 |

图6-3-26 碳钢的退火组织

②碳钢的淬火组织

碳钢的淬火组织主要为马氏体，高碳钢还有粒状渗碳体与残余奥氏体出现。低碳钢的淬火组织为低碳马氏体，在显微镜呈现板条状形态。高碳钢的淬火组织为马氏体和少量残余奥氏体及未溶渗碳体。在显微镜下，高碳马氏体呈竹叶状或针状，未溶渗碳体呈细小颗粒状，残余奥氏体则呈白色，与马氏体混在一起难以分辨（经染色处理后可分辨）。中碳钢的淬火组织则是板条马氏体与针状马氏体的混合形态。见图6-3-27。

 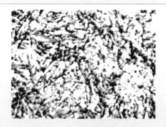 

| a）板条马氏体 | b）混合马氏体 | c）针状马氏体 |

图6-3-27 碳钢的淬火组织

③碳钢的回火组织

碳钢的回火组织随其含碳量和回火温度的不同而不同。高碳钢通常淬火后进行低温回火，其马氏体也变成回火马氏体。在显微镜下，回火马氏体呈黑色。中碳钢淬火后一般要进行中温或高温回火。经中温回火后，析出大量细小渗碳体颗粒，但基体组织因碳

原子的析出而变成铁素体，仍保持原淬火马氏体的形态；高温回火的显微组织，是由多边形的铁素体晶粒和粗粒状渗碳体组成的，叫做回火索氏体。见图 6-3-28。

a）低温回火   b）中温回火   c）高温回火

图 6-3-28　碳钢的回火组织

（2）合金钢、铸铁及有色金属的显微组织形态

①合金钢

合金钢的显微组织比碳钢复杂，其基本相有合金铁素体、合金奥氏体、合金碳化物（包括合金渗碳体、特殊碳化物）及金属间化合物等。以高速钢为例，其铸态组织为鱼骨状碳化物 +δ 共析体（暗黑色）+ 少量马氏体（亮白色）；经锻造后其粗大的鱼骨状碳化物被击碎成颗粒状，再经退火，形成索氏体基体上分布有大量碳化物的组织；经淬火后，基体组织为马氏体 + 残余奥氏体（白色），并有大量细小的未溶碳化物颗粒分布在基体组织上；再经回火后，残余奥氏体消失，同时析出了更多的合金碳化物，形成回火马氏体基体上分布有大量颗粒状合金碳化物的组织。见图 6-3-29。

  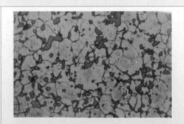

a）铸态   b）退火态   c）淬火态

图 6-3-29　合金钢的显微组织

②铸铁

铸铁分白口铸铁和灰口铸铁两大类，白口铸铁分为亚共晶白口铸铁、共晶白口铸铁、过共晶白口铸铁，灰口铸铁包括普通灰口铸铁、球墨铸铁、可锻铸铁等。白口铸铁的基体组织都是共晶产物莱氏体，亚共晶白口铸铁除基体莱氏体组织外，还有树枝状的初晶奥氏体所转变来的珠光体。共晶白口铸铁的组织则全部是莱氏体。过共晶白口铸铁的组织是莱氏体基体上分布有白色条状的一次渗碳体。灰口铸铁的基体组织与钢类似，分为铁素体

基、铁素体＋珠光体基、珠光体基等，上面分布有石墨（普通灰口铸铁为片状、球墨铸铁为球状、可锻铸铁为团絮状），另外因球墨铸铁可以进行强化热处理，经调质处理后基体组织为回火索氏体，经等温淬火后的基体组织为下贝氏体。见图6-3-30、图6-3-31。

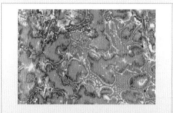
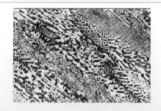

a）亚共晶	b）共晶	c）过共晶

图6-3-30　白口铸铁的显微组织

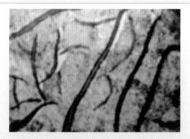
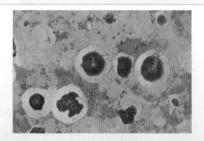

a）珠光体基普通灰口铸铁	b）铸态球墨铸铁

图6-3-31　灰口铸铁的显微组织

③有色金属

有色金属组织与钢铁完全不同。常用铸造铝合金为含10%~13%硅的铝硅合金，也叫做"硅铝明"。该合金不进行变质处理，其组织为共晶体上分布有粗大的针状硅晶体，这造成合金的强度和塑性降低。经变质处理后粗大的硅晶体消失而被树枝状的初晶 α 固溶体所取代，从而大大提高了合金的强度和塑性。见图6-3-32。

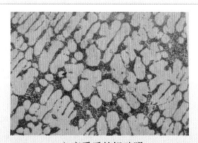
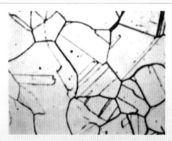

a）变质后的铝硅明	b）单相黄铜

图6-3-32　有色金属的显微组织

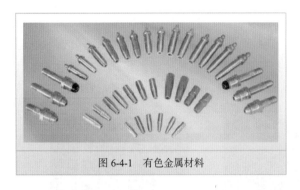

图 6-4-1　有色金属材料

6.4　有色金属材料

有色金属通常指除去铁和铁基合金以外的所有金属。目前有色金属的产量和用量虽不及钢铁材料多，但由于它们具有某些独特的性能和优点，而使其成为现代工业生产中不可缺少的材料，如图 6-4-1 所示。

常用有色金属类型如图 6-4-2 所示。

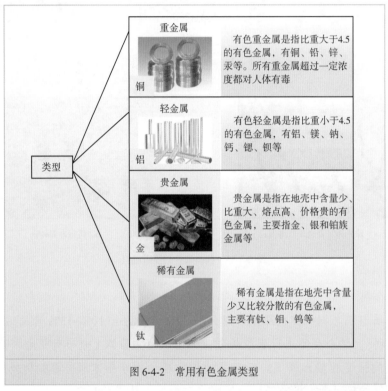

类型		
	重金属　铜	有色重金属是指比重大于4.5的有色金属，有铜、铅、锌、汞等。所有重金属超过一定浓度都对人体有毒
	轻金属　铝	有色轻金属是指比重小于4.5的有色金属，有铝、镁、钠、钙、锶、钡等
	贵金属　金	贵金属是指在地壳中含量少、比重大、熔点高、价格贵的有色金属，主要指金、银和铂族金属等
	稀有金属　钛	稀有金属是指在地壳中含量少又比较分散的有色金属，主要有钛、钼、钨等

图 6-4-2　常用有色金属类型

6.4.1　铝及铝合金

铝在地壳中的含量约为 7% 以上，在全部化学元素中含量占第三位（仅次于氧和硅，在金属元素中含量占第一位），如图 6-4-3 所示。

1）纯铝

纯铝一般指纯度为 99.0% 以上的铝。纯铝是一种银白色的金属，它质轻、密度较小，常用作各种轻质结构材料的基本组元。

图 6-4-3　铝矿石

（1）纯铝的类型

纯铝可细分为工业高纯铝（图 6-4-4）和工业纯铝（图 6-4-5）。

工业高纯铝又称化学纯铝，通常把纯度（铝含量）大于 99.8% 的纯铝叫做高纯铝，主要用于科学研究和某些特殊用途

工业纯铝的纯度不及高纯度铝，其常见杂质为铁和硅，这类铝主要用于制造管、棒、线等型材以及配制铝合金的原料

图 6-4-4　工业高纯铝　　　　　图 6-4-5　工业纯铝

（2）纯铝的特点及应用

①耐腐蚀且导电性好，导电性仅次于银和铜，可制作电线、电缆（图 6-4-6）、电子零件等。

②导热性好，用于换热器（图 6-4-7）等。

图 6-4-6　电缆　　　　　　　　图 6-4-7　换热器

③塑性好，易于承受各种压力，制成多种型材与制品（图 6-4-8）。

④良好的延展性，可用于食品和药物的包装用品（图 6-4-9）。

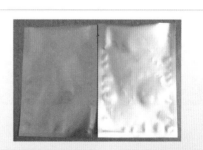

图 6-4-8　家用器皿　　　　　　图 6-4-9　食品包装袋

⑤铝的强度、硬度较低，故工业上常通过合金化来提高其强度，用作结构材料。

2）铝合金

由于纯铝的强度很低，不宜用来制作结构零件。在铝中加入适量的硅、铜、镁、锰等合金元素，可以得到较高强度的铝合金，且仍具有密度小、耐蚀性好、导热性好的特点。

铝合金（图6-4-10）按其成分和工艺特点可分为变形铝合金（图6-4-11、图6-4-12）和铸造铝合金（图6-4-13）。变形铝合金是指通过冲压、弯曲、轧、挤压等工艺使其组织、形状发生变化的铝合金。铸造铝合金是指具有较好的铸造性能，宜于用铸造工艺生产铸件的铝合金。

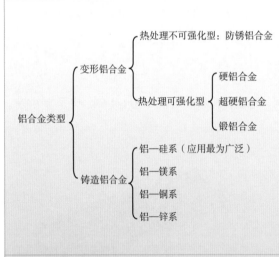

防锈铝合金不能采用热处理强化，是热处理非强化型，常采用冷变形方法强化，具有适中的强度、优良的塑性和良好的焊接性，并具有很好的耐腐蚀性，常用来做油罐和各式容器

图 6-4-10 铝合金的分类	图 6-4-11 防锈铝合金油罐

热处理可强化铝合金强度、塑性较好，常用来做飞机蒙皮、梁、肋、桁条和起落架等，各种飞机都以铝合金作为主要结构材料以减轻质量

a）飞机　　　　　　b）火箭

图 6-4-12　热处理可强化铝合金的应用

a）活塞

b）发动机缸体

铸造铝合金具有优良的铸造性能，抗蚀性好，用于制造轻质、耐腐蚀、形状复杂的零件，如活塞、仪表外壳、发动机缸体等

图 6-4-13　铸造铝合金应用

6.4.2　铜及铜合金

铜是人类发现最早的金属之一，早在史前时代，人们就开始采掘露天铜矿，并用获取的铜制造武器、工具和其他器皿。铜在地壳中的含量约为 0.01%，如图 6-4-14 所示。

图 6-4-14　铜矿石

1）纯铜

纯铜的含铜量为 99.90%~99.99%，呈紫红色，俗称紫铜。

（1）纯铜类型及牌号

紫铜按成分可分为：普通紫铜（T1、T2、T3、T4）、无氧铜（TU1、TU2）、脱氧铜（TUP、TUMn），如图 6-4-15 所示。

含铜量大于 99.50% 的铜，工业纯铜牌号用字母 T 加上序号表示，如 T1、T2、T3 等。T 为铜字的汉语拼音字首，数字为顺序号，顺序号越大，杂质含量越高

无氧铜是氧含量不大于 0.003%、杂质总含量不大于 0.05% 的纯铜，铜的纯度大于 99.95%。无氧铜用字母 T 加上字母 U 再加上序号表示，如 TU1、TU2

把熔化铜中产生的氧气用亲氧性的磷（P）或者锰（Mn）脱氧，使其氧含量降低到一定程度。磷、锰脱氧的无氧铜牌号用 TU 后面加上脱氧剂化学元素表示，如 TUP 等

a）普遍紫铜

b）无氧铜

c）脱氧铜

图 6-4-15　纯铜类型

（2）纯铜特性及应用

①铜的导电性和导热性仅次于金和银，是最常用的导电、导热材料。常用冷加工方法制造电线、电缆（图6-4-16）、散热器（图6-4-17）等。

②铜的塑性较好，易于冷、热压力加工，常制成各种铜管（图6-4-18）或者缸垫等。

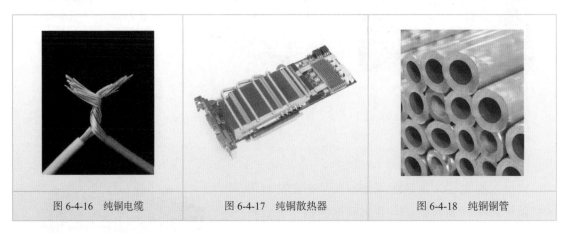

| 图 6-4-16　纯铜电缆 | 图 6-4-17　纯铜散热器 | 图 6-4-18　纯铜铜管 |

③铜在大气和淡水中有良好的抗腐蚀性能。

④由于强度不高，铜的价格较贵，一般不做结构零件，可以配制铜合金。

2）铜合金

纯铜不适于用作结构材料，因此在纯铜中加入一些 Zn、Al、Sn、Mn、Ni 等适宜的合金元素，可获得强度及塑性都能满足要求的铜合金。常用的铜合金可分为黄铜、青铜和白铜三类。

（1）黄铜

黄铜是由铜和锌所组成的合金，因色黄而得名。黄铜敲起来音响很好，又叫响铜，因此锣、铃、号等都是用黄铜制造的，如图 6-4-19 所示。

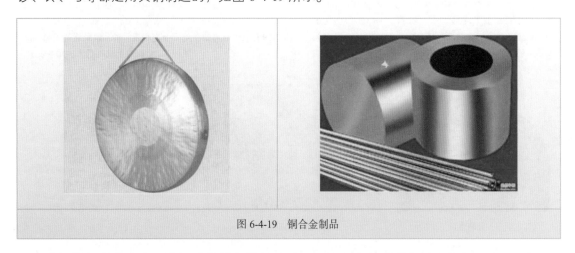

图 6-4-19　铜合金制品

黄铜按其所含合金元素又分为普通黄铜（图 6-4-20）和特殊黄铜（图 6-4-21）。

a）H80 黄铜管

b）H70 黄铜弹壳

普通黄铜仅由铜和锌组成，黄铜有较强的耐磨性能。其牌号用H+数字表示，H代表黄铜，数字为铜的百分含量。如H62、H70、H80 等，分别用来做弹簧、垫圈、金属网和弹壳、散热器以及装饰品等

图 6-4-20 普通黄铜

a）法兰阀

b）闸阀

特殊黄铜在普通黄铜中加入锡、硅、铅、铝等其他合金元素，分别称为锡黄铜、硅黄铜、铅黄铜等。它强度高、硬度大、耐化学腐蚀性强，主要用于制造在腐蚀条件下工作的零件，如气阀、滑阀等

特殊黄铜的牌号用H+主加元素的符号（除锌外）+铜含量百分数+主加元素含量的百分数表示。

例如 HPb59-1 表示平均含铜量为 59%、含铅量为 1% 的铅黄铜

图 6-4-21 特殊黄铜制品

（2）白铜

白铜是铜镍合金，因色白而得名。它的表面很光亮，不易锈蚀，其延展性好、硬度高、色泽美观、耐腐蚀、富有深冲性能，被广泛使用于造船、石油化工、电器、仪表、医疗器械、日用品、工艺品等领域，并且还是重要的电阻及热电偶合金。白铜的价格比较昂贵。白铜制品如图 6-4-22 所示。

a）白铜钱

b）白铜手炉

c）白铜线

d）热电偶

图 6-4-22 白铜制品

（3）青铜

青铜是指除了黄铜和白铜（铜镍合金）以外所有的铜基合金。青铜是人类历史上一项伟大的发明，也是金属冶铸史上出现最早的合金。青铜器的类别以食器、酒器、水器、乐器、兵器这五类为最主要、最基本的，如图 6-4-23 所示。

a）商后期兽面纹铃（乐器）　　b）西周毛公鼎（礼器、食器）

c）战国蝉纹铜矛（兵器）　　d）战国铜尊盘（水器、酒器）

图 6-4-23　五类主要青铜器

图 6-4-24　锡青铜制品

锡青铜是人类历史上应用最早的一种合金，我国古代遗留下来的一些古镜、钟鼎等文物便由这些合金制成。锡青铜具有耐磨、耐腐蚀和良好的铸造性能，用于制造轴承和弹簧等

青铜的代号由 Q+ 主加元素的元素符号及含量 + 其他加入的含量组成，如 QSn4-3 表示含锡 4%、含锌 3%，其余为铜的锡青铜。

青铜按主加元素的不同，分为锡青铜（图 6-4-24）、铝青铜（图 6-4-25）、硅青铜、铍青铜等。

铝青铜比黄铜和锡青铜具有更好的耐腐蚀性、耐磨性、耐热性，常用来铸造承受重载、耐腐蚀、耐磨的零件

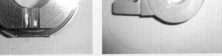

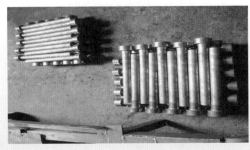

| a）分闸缓冲环 | b）活塞 | c）凸轮 |

图 6-4-25　铝青铜制品

6.4.3　钛及钛合金

钛及钛合金具有密度小、强度高、耐高温、抗腐蚀等一系列优异特性，且资源丰富，在地壳中的含量排第十位，如图 6-4-26 所示。现已成为航天、化工、石油和国防工业中广泛应用的材料。

1）纯钛

纯钛是银白色的金属，密度小，熔点高，热膨胀系数小，塑性好，容易加工成型，可制成细丝、薄片，在 550℃ 以下具有很好的抗腐蚀性，不易氧化。常用来做飞机、火箭骨架，耐海水腐蚀的管道以及阀门、发动机活塞、连杆等，如图 6-4-27 所示。

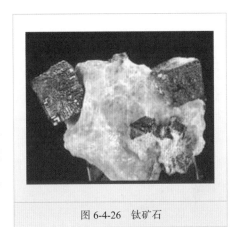

图 6-4-26　钛矿石

| a）海水纯钛蒸发器 | b）钛阀门 | c）钛系活塞环 |

图 6-4-27　纯钛制品

2）钛合金

在纯钛的基础上加入合金元素可形成钛合金。钛合金因具有强度高、耐蚀性好、耐热性

213

高等特点而被广泛用于各个领域。极细的钛粉，是火箭的好燃料，所以钛被誉为宇宙金属、空间金属。

（1）钛合金特点及应用

①强度高。钛的硬度与钢铁相近，而它的质量几乎只有同体积的钢铁的一半，钛虽然稍微比铝重一点，但它的硬度却比铝大 2 倍。飞机（图 6-4-28）和导弹（见图 6-4-29）已大量用钛代替钢铁。

用钛合金最多的当属美国3倍音速的高空高速侦察机SR-71。其钛合金用量占结构的93%，号称"全钛飞机"

图 6-4-28　全钛飞机　　　　图 6-4-29　钛合金导弹

②热强度高。钛的耐热性很好，熔点高达 1668℃。钛合金的工作温度可达 500℃，铝合金则在 200℃以下应用于飞机、导弹工业。

③耐腐蚀性好。在常温下，钛可以完好无损地存在于各种强酸强碱的溶液中，就连最凶猛的酸——王水，也不能腐蚀它，可以应用在潜艇（图 6-4-30）中及现代推拉门（图 6-4-31）中。

钛合金耐腐蚀，钛没有磁性，用钛建造的核潜艇不必担心磁性水雷的攻击。但是钛合金加工困难，造价高昂

图 6-4-30　钛合金潜艇　　　　图 6-4-31　钛合金推拉门

④钛合金的工艺性能差。钛合金的切削加工困难，抗磨性差，生产工艺复杂。

（2）钛合金类型

钛有两种同质异晶体：882℃以下为密排六方结构 α 钛，882℃以上为体心立方的 β

钛。根据钛合金在室温下组织的不同，钛合金可分为 α 钛合金、β 钛合金和 α+β 钛合金三种，分别以 TA、TB、TC 表示。

6.4.4 硬质合金

硬质合金是指将一种或多种难溶金属硬碳化物和黏结剂金属，通过粉末冶金工艺生产的一类合金材料。即将高硬度、难熔的碳化钨、碳化钛等和钴、镍等黏结剂金属，经制粉、配料（按一定比例混合）、压制成型，再通过高温烧结制成。硬质合金具有硬度高、耐磨性高、红硬性高、抗压强度高等诸多优点，因此广泛应用于刀具、量具、模具等中，如图 6-4-32 所示。

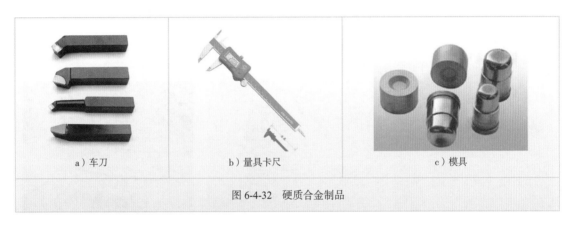

| a）车刀 | b）量具卡尺 | c）模具 |

图 6-4-32　硬质合金制品

常用的硬质合金有钨钴类硬质合金、钨钴钛类硬质合金、钨钛钽（铌）类硬质合金三大类，如图 6-4-33 所示。

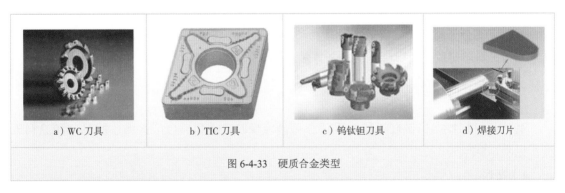

| a）WC 刀具 | b）TIC 刀具 | c）钨钛钽刀具 | d）焊接刀片 |

图 6-4-33　硬质合金类型

钨钴类硬质合金的主要成分是碳化钨（WC）和黏结剂钴（Co），如图 6-4-33a）所示。其牌号由"YG"（"硬"、"钴"两字汉语拼音字首）和平均含钴量的百分数组成。

例如，YG8 表示平均 WCo=8%，其余为碳化钨的钨钴类硬质合金。

钨钴钛类硬质合金的主要成分是碳化钨、碳化钛（TiC）及钴，如图 6-4-33b）所示。其牌号由"YT"（"硬"、"钛"两字汉语拼音字首）和碳化钛平均含量的百分数组成。

例如，YT15 表示平均 WTi=15%，其余为碳化钨和钴含量的钨钛钴类硬质合金。

钨钛钽（铌）类硬质合金的主要成分是碳化钨、碳化钛、碳化钽（或碳化铌）及钴。这类硬质合金又称通用硬质合金或万能硬质合金，如图 6-4-33c）所示。

其牌号由 "YW"（"硬"、"万" 两字汉语拼音字首）和顺序号组成，如 YW1。

硬质合金脆性大，不能进行切削加工，难以制成形状复杂的整体刀具，因而常制成不同形状的刀片，采用焊接、黏结、机械夹持等方法安装在刀体或模具体上使用，如图 6-4-33d）所示。

6.5 非金属材料

非金属材料包括金属材料以外几乎所有的材料，主要有各类高分子材料（塑料、橡胶、合成纤维、部分胶黏剂）、陶瓷材料（各种陶器、瓷器、耐火材料、玻璃、水泥及近代无机非金属材料）和各种复合材料，如图 6-5-1 所示。

a）塑料桶   b）八孔陶埙   c）玻璃钢船艇

图 6-5-1 非金属材料的应用

近年来高分子材料、陶瓷等非金属材料急剧发展，它们已经不再是金属材料的代用品，而是作为一类不可取代的材料，被越来越多地应用于各类工程中。

6.5.1 高分子材料

高分子材料根据机械性能和使用状态可分为橡胶、塑料、合成纤维、胶黏剂和涂料五类，见图 6-5-2。

1）塑料

按照应用范围，塑料分为三种，见图 6-5-3。

（1）通用塑料

通用塑料主要包括聚乙烯（PE）、聚氯乙烯（PVC）、聚苯乙烯（PS）、聚丙烯（PP）、酚醛塑料和氨基塑料六种（图 6-5-4）。这一类塑料的特点是产量大、用途广、价格低，大多数用于制作日常生活用品，如图 6-5-5 所示。

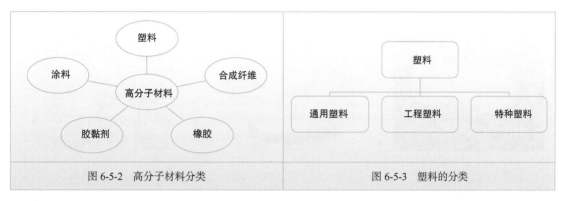

图 6-5-2　高分子材料分类　　　　　图 6-5-3　塑料的分类

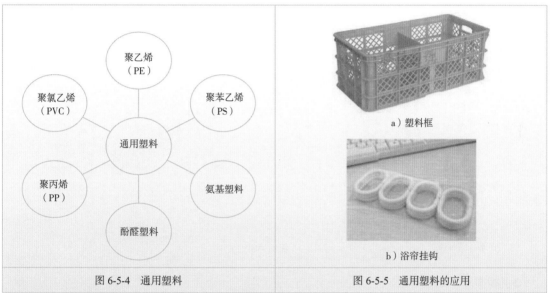

a）塑料框

b）浴帘挂钩

图 6-5-4　通用塑料　　　　　图 6-5-5　通用塑料的应用

（2）工程塑料

工程塑料的分类及用途见表 6-5-1。

工程塑料的分类及用途　　　　　　　　　　表 6-5-1

名　称	细　目	用　途
工程塑料	聚酰氨（PA、尼龙）	如图 6-5-6 所示，聚酰氨机械强度较高，耐磨、耐腐蚀、减振性好，大量用于制作小型零件，代替有色金属及其合金
	聚甲醛（POM）	聚甲醛性能比尼龙好，广泛用于汽车、机床、化工、电器仪表和农业机械
	有机玻璃	如图 6-5-7 所示，有机玻璃是目前最好的透明材料，且有很好的加工性能，常用来做飞机的座舱、弦舱，电视和雷达图标的屏幕，汽车风挡，仪器和设备的防护罩
	聚碳酸酯（PC）	聚碳酸酯综合性能好，能抵抗日光、雨水和气温变化的影响，广泛用于航空、交通、机械、医疗器械等方面，波音 747 飞机上就有 2500 个零件使用了聚碳酸酯，总质量达到 2t
	ABS 塑料	如图 6-5-8 所示，ABS 塑料是坚韧、质硬、刚性的材料，而且原料易得，价格便宜，广泛用于机械加工、电器制造、纺织、汽车、飞机、轮船等

图 6-5-6　尼龙管件

图 6-5-7　PC 车辆挡风板

图 6-5-8　ABS 阀门

（3）特种塑料

特种塑料是指具有某些特殊性能，能满足某些特殊要求的塑料。这类塑料产量小、价格贵，只适用于特殊需求的场合，如医用塑料，如图 6-5-9 所示。

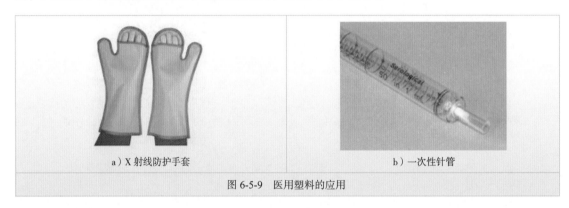

a）X 射线防护手套　　　　　　　　　　　　b）一次性针管

图 6-5-9　医用塑料的应用

2）橡胶

橡胶分为天然橡胶与合成橡胶两种。天然橡胶是从橡胶树、橡胶草等植物中提取胶质后加工制成的；合成橡胶则由各种单体经聚合反应而得。橡胶制品综合性能较好，有优良的伸缩性、良好的储能能力，耐磨、隔声、绝缘，广泛用于制作轮胎、胶管、胶带、电缆及其他各种橡胶制品，如图 6-5-10 所示。

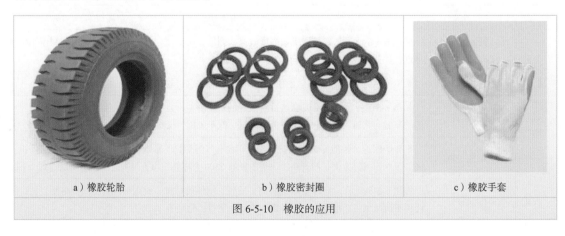

a）橡胶轮胎　　　　　　　b）橡胶密封圈　　　　　　　c）橡胶手套

图 6-5-10　橡胶的应用

6.5.2 陶瓷材料

陶瓷材料传统上是指陶器和瓷器，也包括石灰、石膏、水泥等。随着现代科技的发展，出现了许多性能优良的陶瓷。常用的工业陶瓷有普通陶瓷、新型结构陶瓷。

1）普通陶瓷

普通陶瓷是用黏土、长石、石英为原料，经成型、烧结而成的陶瓷。普通陶瓷加工成型性好，成本低，产量大。除日用陶瓷、瓷器外，大量用于电器、化工、纺织等工业部门，见图6-5-11。

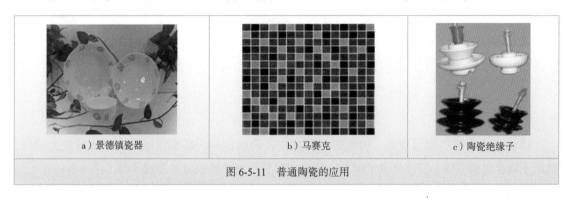

| a）景德镇瓷器 | b）马赛克 | c）陶瓷绝缘子 |

图 6-5-11　普通陶瓷的应用

2）新型结构陶瓷

新型结构陶瓷包括氧化铝陶瓷、氮化硅陶瓷、碳化硅陶瓷（图6-5-12）。

图 6-5-12　新型结构陶瓷的分类

（1）氧化铝陶瓷

氧化铝陶瓷是以 Al_2O_3 为主要成分，含有少量 SiO_2 的陶瓷，耐高温性能好，具有良好的电绝缘性及耐磨性。常用来做耐火材料，如耐火砖、坩埚、热偶套管，内燃机的火花塞，火箭、导弹的导流罩及轴承（图6-5-13）。

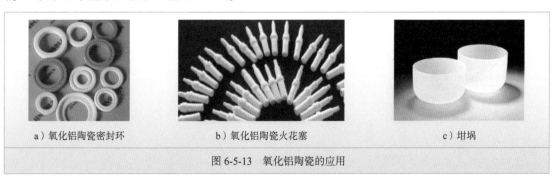

| a）氧化铝陶瓷密封环 | b）氧化铝陶瓷火花塞 | c）坩埚 |

图 6-5-13　氧化铝陶瓷的应用

（2）氮化硅陶瓷

氮化硅的强度高、硬度高、摩擦系数小、热膨胀系数小、化学稳定性高。热压烧结氮化硅常用来做形状简单、精度要求不高的零件，如切削刀具、高温轴承等；反应烧结氮化硅常用来做形状复杂、精度要求高的零件，如机械密封环（图 6-5-14）。

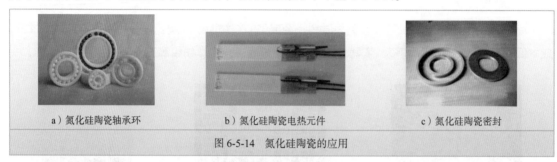

a）氮化硅陶瓷轴承环　　　　b）氮化硅陶瓷电热元件　　　　c）氮化硅陶瓷密封

图 6-5-14　氮化硅陶瓷的应用

（3）碳化硅陶瓷

碳化硅陶瓷的高温强度高，有很好的耐磨损、耐腐蚀、抗蠕变性能，其热传导能力很强，常用于制造火箭喷嘴、浇注金属的喉管、热电偶套管、燃气轮机叶片及轴承等（图 6-5-15）。

a）碳化硅隔焰板　　　　b）碳化硅轴承　　　　c）碳化硅螺旋喷嘴

图 6-5-15　碳化硅陶瓷的应用

6.5.3　复合材料

复合材料是由两种或多种物理和化学性质不同的物质人工制成的材料。按增强剂的种类和结构形式，复合材料可分为纤维增强复合材料、颗粒复合材料、层叠复合材料。纤维复合材料是复合材料中发展最快、应用最广的一种材料，它具有比强度和比模量高，减振性能好、抗疲劳性能和耐高温性能好等优点。目前常用的有玻璃纤维、碳纤维、硼纤维、金属纤维、陶瓷纤维复合材料等，常用于航空业等。复合材料的应用见图 6-5-16。

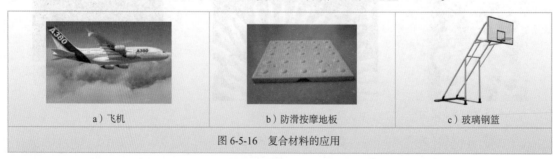

a）飞机　　　　b）防滑按摩地板　　　　c）玻璃钢篮

图 6-5-16　复合材料的应用

单 元 小 结

钢的力学性能是指金属材料在外力作用下所表现出来的性能，它主要包括强度、塑性、硬度、冲击韧性和疲劳强度。

金属材料分为黑色金属和有色金属两大类，常用的黑色金属主要有钢和铸铁两种。钢的主要元素除铁、碳外，还有硅、锰、硫、磷等。铸铁是指含碳量大于 2.11% 的铁碳合金，是工业上广泛应用的一种铸造金属材料。每一种黑色金属都有一个简明的编号，从编号中可以看出其化学成分或用途。

钢的热处理是将钢在固态下以适当的方法进行加热、保温和冷却从而获得所需组织与性能的工艺过程。热处理一般分为普通热处理（包括退火、正火、淬火、回火）和表面热处理（包括表面淬火、化学热处理）两类。热处理能够改变钢的性能，充分发挥钢材的潜力，提高零件的使用性能，延长零件的使用寿命。

有色金属通常指除去铁和铁基合金以外的所有金属，主要分为铜、铅、锌等重金属，铝、镁等轻金属，金、银、铂等贵金属，钨、钼、铀等稀有金属几大类。

非金属材料包括金属材料以外几乎所有的材料，主要包括各类高分子材料、陶瓷材料和各种复合材料。近年来高分子材料、陶瓷等非金属材料急剧发展，它们已经不再是金属材料的代用品，而是作为一类不可取代的材料，被越来越多地应用于各类工程中。

练 习 题

6-1 名词解释

强度 硬度 塑性 韧性 疲劳强度 热处理 淬火 调质处理 表面淬火

6-2 填空

（1）钢的力学性能包括_____、_____、_____、_____和_____。

（2）根据化学成分，钢可以分为_____和_____两种；根据品质，钢可以分为_____、_____和_____三种；根据用途，钢可以分为_____、_____和_____三种。

（3）根据铸铁中石墨形态的不同，铸铁可以分为_____、_____、_____和_____四种。

（4）钢的普通热处理是指_____、_____、_____和_____四种；不管何种热处理工艺，它均由_____、_____和_____三个阶段组成。

（5）为改善 20 钢锻件的切削加工性，通常对其进行_____热处理；为改善 T10 钢锻件的切削加工性，通常对其进行_____热处理。

（6）刀具、量具等经淬火后，需及时进行_____处理。

（7）渗碳零件一般选用_____或_____钢；该零件最终达到的性能特点是_____。

（8）化学热处理实质是通过改变钢表层_____、组织和性能的热处理工艺。

（9）常用的有色金属有_____、_____、_____和_____等。

（10）非金属材料包括_____、_____和_____。

6-3 强度、塑性、硬度、韧性、疲劳强度的常用指标分别是什么？用什么符号表示？

6-4 说说45钢、T12A、20CrMnTi、9SiCr牌号的含义。

6-5 什么叫回火？回火的目的是什么？

6-6 什么零件要进行表面淬火处理？常用的表面淬火方法有哪几种？

6-7 什么是硬质合金？常用的硬质合金有哪几类？

单元 7　力　　学

7.1　力、力矩、力偶

7.1.1　力的概念与性质

1）力的概念

力的概念是人们在长期生活和生产实践中逐步形成的。例如：人用手推小车，小车就从静止开始运动（图 7-1-1a）；落锤锻压工件时，工件就会产生变形（图 7-1-1b）。这些都说明：力是物体间相互的机械作用。这种作用使物体的运动状态或形状发生改变。

a）手推小车　　　　　　　　　　　　b）锻压工作

图 7-1-1　力的概念

使物体的运动状态发生改变的效应称为运动效应（或外效应），外效应改变物体运动方向和速度大小，如图 7-1-2a）所示；使物体形状发生改变的效应称为变形效应（或内效应），如图 7-1-2 b）、c）所示。

a）力使足球改变方向　　　b）人手向两边用力使弹簧拉力器伸长　　　c）人压弯跳板

图 7-1-2　力的作用效应

力对物体的作用效应取决于力的大小，见图 7-1-3a）、b）；力的方向，见图 7-1-3b）、c）；力的作用点，见图 7-1-3a）、d）。

$$F_1=F_3=F_4>F_2$$

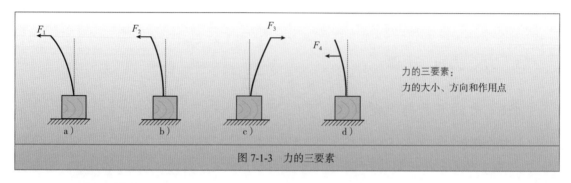

图 7-1-3　力的三要素

2）力的表示方法

力是有大小和方向的矢量，常用一个带箭头的线段来表示，如图 7-1-4 所示。在国际单位制中，力的单位为 N，常用单位有 kN。

3）力的性质

（1）公理一（二力平衡公理）

刚体仅受两个力作用而平衡的充分必要条件是：**两个力大小相等，方向相反，并作用在同一直线上**，如图 7-1-5 所示。

二力构件：仅受两个力作用而处于平衡的构件，与构件形状无关。二力构件的受力特点是：两个力的作用线必在其作用点的连线上。如图 7-1-6 三铰拱桥中的 *BC* 构件，若不计自重，就是二力构件。

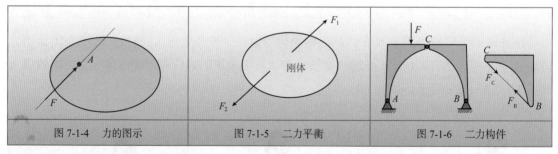

图 7-1-4　力的图示　　图 7-1-5　二力平衡　　图 7-1-6　二力构件

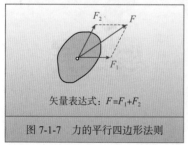

矢量表达式：$F=F_1+F_2$

图 7-1-7　力的平行四边形法则

（2）公理二（力的平行四边形公理）

作用于物体上任意一点的两个力可合成为作用于同一点的一个力，即合力。合力的大小和方向由这两个力为邻边所作的平行四边形的对角线确定，如图 7-1-7 所示。

也可利用平行四边形法则，把作用于物体上的一个力分解为相交的两个分力，其分力与合力作用于同一点上。工程中常将作用力分解为沿物体运动方向的分力和垂直于物体运动方向的分力。

如图 7-1-8 所示，在人拉车力相同的情况下，夹角越小，拉车的效果越明显。水平分力起到拉车的作用，垂直分力则起到减小车与地面正压力的作用。

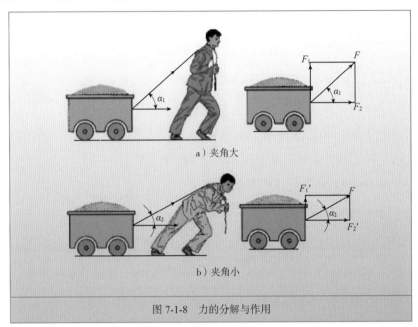

图 7-1-8　力的分解与作用

在对直齿圆柱齿轮受力分析时，常将齿面的啮合力 F_n 分解为沿齿轮分度圆圆周切线方向的分力 F_t 和指向轴心的径向分力 F_r，如图 7-1-9 所示。

当物体沿水平方向运动时，常将力分解为沿水平方向的力和垂直方向的力；当物体沿斜面运动时常将力分解为沿斜面方向的力和垂直于斜面方向的力。如图 7-1-10 所示。

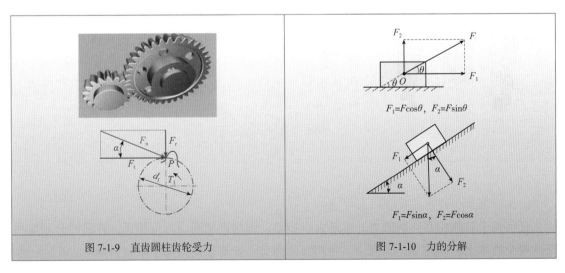

图 7-1-9　直齿圆柱齿轮受力　　　　　　图 7-1-10　力的分解

和聪明的小蚂蚁一起做两道题

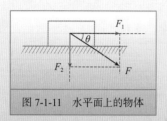

图 7-1-11　水平面上的物体

【例题 7-1-1】如图 7-1-11 所示，物体在大小为 5N、与水平方向成 30°、斜向下的推力下静止。求推力 F 的两分力 F_1 和 F_2 大小。

解：$F_1 = F\cos\theta = 5\cos30° ≈ 4.33N$

$F_2 = F\sin\theta = 5\sin30° = 2.50N$

【例题 7-1-2】如图 7-1-12 所示，物体重 200N，在倾角为 30° 的斜面上静止。求重力 G 的两分力 G_1 和 G_2 的大小。

解：$G_1 = F\cos\theta = 200\cos30° ≈ 173.21N$

$G_2 = F\sin\theta = 200\sin30° = 100.00N$

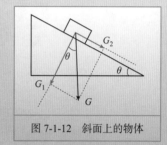

图 7-1-12　斜面上的物体

和聪明的小蚂蚁一起做道题

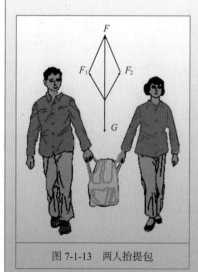

图 7-1-13　两人抬提包

【例题 7-1-3】两个人抬提包（图 7-1-13）时，两手臂之间的夹角是大些省力呢？还是小些更省力呢？

解：两手臂之间的夹角小些更省力。

因为假设 θ 为 F_1 与 F_2 之间的夹角（0 度 < θ < 180 度），已知 $F = G$。

由平行四边形法则：

$$F = F_1\cos\frac{\theta}{2} + F_2\cos\frac{\theta}{2}$$

由于余弦函数的特性，θ 越小，其余弦数值愈大，在重力 G 一定的情况下，θ 数值越小，所需 F_1 和 F_2 亦越小。

故假设成立。

（3）公理三（作用和反作用力公理）

任何两个物体相互作用的力，总是**大小相等，作用线相同，方向相反，并同时分别作用于这两个物体上**。如图 7-1-14 所示，手用力拉弹簧，弹簧也用同样大小的力拉手。

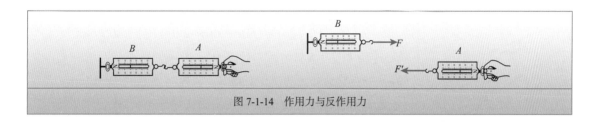

图 7-1-14　作用力与反作用力

7.1.2　力矩

1）力矩的定义

实践表明，力对刚体的作用效应，不仅可以使刚体移动，而且还可以使刚体转动。其中移动效应可用力来度量，而转动效应可用力矩来度量。

力对点之矩是度量力使刚体绕某点转动效应的物理量。

2）力矩的计算

例如：用扳手拧螺母时，作用于扳手一端的力 F 能使螺母绕 O 点转动，如图 7-1-15 所示。

矩心：O 为刚体内或外的任意点，是力矩中心，简称矩心。

力臂：矩心到力作用线的垂直距离 d。

力矩的表示符号：$M_O(F)$。

力矩的表达式为：

$$M_O(F) = \pm F \cdot d$$

式中：F——作用力；

$\quad\quad d$——力臂。

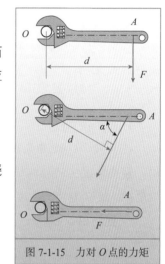

图 7-1-15　力对 O 点的力矩

符号"$\pm$"表示力矩的转向。规定在平面问题中，逆时针转向的力矩取正号，顺时针转向的力矩取负号，故平面上力对点之矩为代数量。力矩的单位是 N·m 或 kN·m。

和聪明的小蚂蚁一起做两道题

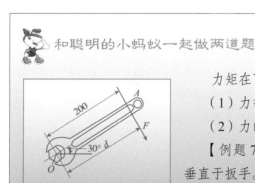

图 7-1-16　扳手

力矩在下述两种情况下等于零：

（1）力等于零；

（2）力的作用线通过矩心，即力臂等于零。

【例题 7-1-4】如图 7-1-16 所示，力施加在扳手的 A 端，垂直于扳手。若 $F=200N$，试求力对点 O 之矩。

解：根据力矩的表达式可求出力对点 O 之矩为：

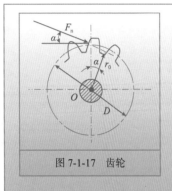

图 7-1-17 齿轮

$$M_O(F) = -Fd = -200 \times 200 \times 10^{-3} = -40\text{N} \cdot \text{m}$$

【例题 7-1-5】如图 7-1-17 所示，一齿轮受到与它相啮合的另一齿轮的作用力 F_n=1000N，齿轮节圆直径 D=0.16m，压力角（啮合力与齿轮节圆切线间的夹角）$\alpha = 20°$，试求啮合力 F_n 对轮心 O 之矩。

解：$M_O(F) = -Fd = -F_n \times r_0 = -F_n \times \dfrac{D}{2} \times \cos\alpha$

$$= -1000 \times \dfrac{0.16}{2} \times \cos 20° \approx -75.18\text{N} \cdot \text{m}$$

7.1.3　力偶

1）力偶的概念

在实践中，常可见到物体受两个大小相等、方向相反，但不在同一直线上的平行力作用，使物体发生转动的情况。例如汽车驾驶员用双手转动方向盘（图 7-1-18a），钳工用双手攻螺纹（图 7-1-18b），以及人用手拧水龙头（图 7-1-18c）或旋转钥匙开锁等。

一对等值、反向、不共线的平行力组成的特殊力系，称为力偶，用符号（F、F'）表示。

a）转动方向盘　　　　　　b）攻螺纹　　　　　　c）拧水龙头

图 7-1-18　力偶的应用

由力偶的定义可知，力偶是一种常见的特殊力系，只能使物体转动，因此，力偶不能用一个力来代替，也不能用一个力来平衡。力偶只能用力偶来平衡。

2）力偶矩

力偶矩：是力偶在其作用面内使物体产生转动效应的度量。记作 $M(F, F')$ 或 M，即：

$$M(F, F') = M = \pm Fd$$

式中：F——构成力偶的两平行力；

d——力偶臂，即两力作用线间的垂直距离。

符号"$\pm$"表示力偶的转向。一般规定，力偶逆时针转动时取正号，顺时针转动时取负号。力偶矩的单位为 N·m 或 kN·m。

3）力偶的特性

（1）力偶无合力。

（2）力偶对其作用面内任意点之矩恒等于力偶矩，与矩心无关。

（3）力偶的等效性——在同一平面内的两个力偶，如果其力偶矩大小相等，力偶的转向相同，则这两个力偶是等效的，如图7-1-19所示。

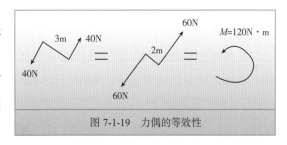

图7-1-19　力偶的等效性

7.2　约束 、约束反力、力系和受力图的应用

7.2.1　约束与约束反力

1）约束与约束反力的概念

自然界的一切事物总是以各种形式与周围的事物相互联系、相互制约的。

一个物体的运动受到周围其他物体的限制，这种限制条件称为约束。如图7-2-1所示，绳子是小球的约束，钢轨是火车车轮的约束，轴承是转轴的约束。

a）吊起的小球　　　　　b）火车　　　　　c）轴承

图7-2-1　约束与约束反力

约束限制了物体的运动，是通过力作用于被约束物体上的。既然约束阻碍着物体的运动，所以约束必然对物体有力的作用，这种力称为约束反作用力，简称约束反力或反力。

约束反力的方向总是与约束所能限制的运动方向相反，约束反力的作用点在约束与被约束物体的接触处。

2）约束的类型

（1）柔性约束

工程上常用的钢丝绳、皮带、链条等柔性索状物体都属于柔索约束。

柔索的约束反力作用在柔索与物体的连接点上，其方向一定是沿着柔索中心线，背离物体的，即必为拉力。如图7-2-2a）中绳对重物的约束反力，图7-2-2b）带传动中皮带对轮的约束反力。

（2）光滑约束

当两个物体间的接触表面非常光滑，摩擦力可以忽略不计时，即构成光滑接触面约束。

光滑接触面的约束反力，作用在接触点处，其方向沿着接触面在该点的公法线上，指向受力物体，即必为法向压力，如图 7-2-3 所示。

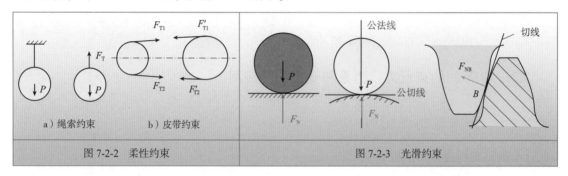

| a）绳索约束 | b）皮带约束 | | | |

图 7-2-2　柔性约束　　　　　　　　　　图 7-2-3　光滑约束

（3）铰链约束

光滑圆柱形铰链是由两个（或更多个）带相同圆孔的构件，并将圆柱形销钉穿入各构件的圆孔中而构成，如图 7-2-4 所示。两构件之一与地面或支架固定，称为固定铰链约束，如图 7-2-5 所示。两构件与地面或支架的连接是活动的，称为活动铰链约束，如图 7-2-6 所示。

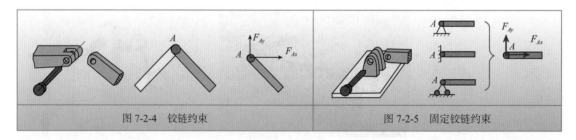

图 7-2-4　铰链约束　　　　　　　　　　图 7-2-5　固定铰链约束

机械中常见的向心轴承实际上也构成铰链约束。如图 7-2-7 所示，可以断定轴承作用于轴颈的约束力 F_N 在垂直于轴线的横截面内，但不能预先确定其方向，可以由正交分力 F_x、F_y 来表示轴承的约束力。

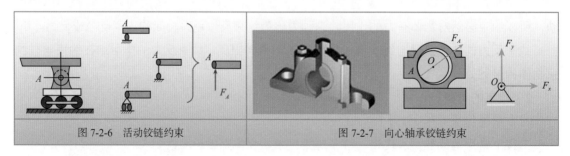

图 7-2-6　活动铰链约束　　　　　　　　图 7-2-7　向心轴承铰链约束

（4）固定端约束

工程实际中，把使物体的一端既不能移动，也不能转动的这类约束称为固定端约束。如

图 7-2-8 车床上工件的装夹端，工件相对卡盘既不能转动也不能移动，摇臂钻的摇臂相对立柱也是既不能转动也不能移动，所以既有三个方向的约束反力，也有三个方向的约束反力偶。此约束在平面中表示为两个正交分解的反力和一个反力偶。固定端约束的约束反力如图 7-2-9 所示。

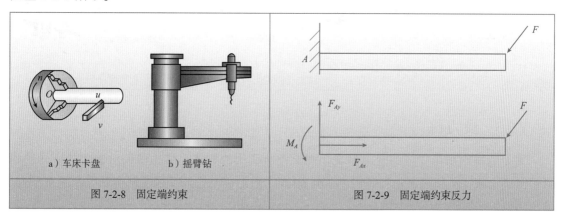

| 图 7-2-8 固定端约束 | 图 7-2-9 固定端约束反力 |

7.2.2 力系

一个物体或构件上有多个力（一般指两个以上的力）作用，则这些力组成一个力系。若这些力作用在同一平面内，则称为平面力系。

平面力系分为以下四种。

（1）平面汇交力系

各个力的作用线都汇交于一点，构成平面汇交力系，如图 7-2-10 所示。

（2）平面平行力系

各个力的作用线都相互平行，构成平面平行力系，如图 7-2-11 所示火车轮轴的受力。

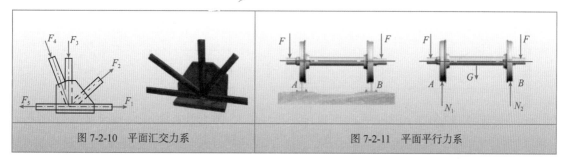

| 图 7-2-10 平面汇交力系 | 图 7-2-11 平面平行力系 |

（3）力偶力系

平面内各个力组成了一组力偶，构成平面力偶力系，如图 7-2-12 所示法兰盘的受力。

（4）平面任意力系

各个力的作用线在平面内任意分布，构成平面任意力系，如图 7-2-13 中内燃机曲柄摇杆机构的受力。

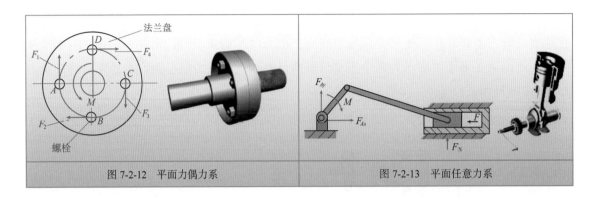

| 图 7-2-12 平面力偶力系 | 图 7-2-13 平面任意力系 |

7.2.3 受力图

为了清楚地表示物体的受力情况，需要把所研究的物体（称为研究对象）从所受的约束中分离出来，单独画出它的简图（取分离体），然后画上它所受的全部主动力和约束反力。这样得到的图叫物体的受力图。

画受力图的基本步骤一般如下。

（1）确定研究对象，取分离体。

（2）画主动力：在分离体上画出研究对象所受到的全部主动力，如重力、荷载、风力、浮力、电磁力等。

（3）画约束力：在解除约束处，根据约束的不同类型，画出约束力。

（4）校核：检查受力图画得是否正确，是否错画、多画、漏画。

和聪明的小蚂蚁一起做两道题

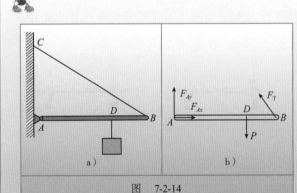

图 7-2-14

【例题 7-2-1】如图 7-2-14a）所示，梁 AB 的一端用铰链、另一端用绳索固定在墙上，D 处挂一重物，其重力为 P，不计梁的自重，试画出梁的受力图。

解：（1）确定研究对象，取分离体梁 AB。

（2）画主动力，在分离体上画出研究对象所受到的主动力——重力 P。

（3）画约束力，B 处为柔性约束，A 处为固定铰链约束，如图 7-2-14 b）所示。

【例题 7-2-2】如图 7-2-15 a）所示，水平梁 AB 用斜杆 CD 支承，A、C、D 三处均为光滑铰链连接。匀质梁 AB 重 G，其上放一重为 G_1 的电动机。若不计斜杆 CD 自重，

试分别画出斜杆 CD 和梁 AB（包括电动机）的受力图。

解：（1）斜杆 CD 的受力图。

取斜杆 CD 为研究对象，由于斜杆 CD 自重不计，并且只在 C、D 两处受铰链约束而处于平衡，因此斜杆 CD 为二力构件。斜杆 CD 的约束反力必通过两铰链中心 C 与 D 的连线，用 F_C 和 F_D 表示。如图 7-2-15b）所示。

（2）梁 AB 的受力图。

取梁 AB（包括电动机）为研究对象，梁 AB 受主动力 G 和 G_1 的作用。D 处为铰链约束，约束反力 F_D' 与 F_D 是作用与反作用的关系，且 $F_D' = -F_D$。A 处为固定铰链支座约束，约束反力用两个正交的分力 F_{Ax} 和 F_{Ay} 表示，方向可任意假设。如图 7-2-15c）所示。

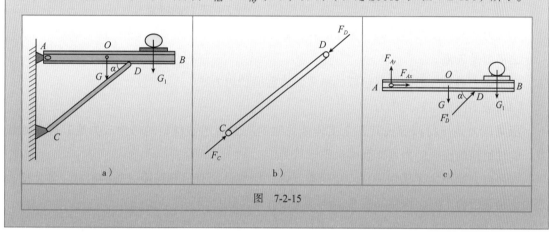

图　7-2-15

7.3　直杆的基本变形

7.3.1　内力与应力

1）内力

构件在外力作用下发生变形，其内部各部分材料相对位置发生改变，从而产生相邻材料间力图恢复原来形状的相互作用力，称为内力，如图 7-3-1 所示。

内力是看不见的。为了显示出构件某截面上的内力，需要将构件用假想截面截为两部分，取其中的一部分为研究对象，应用平衡方程才能确定。

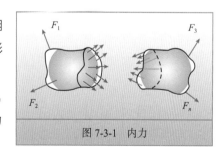

图 7-3-1　内力

内力的特点如下：

（1）完全由外力引起，并随着外力改变而改变。

（2）内力若超过了材料所能承受的极限值，杆件就要断裂。

（3）内力反映了材料对外力有抗力，并传递外力。

2）应力

（1）应力的概念

内力在截面某点上分布的密集程度称为该点的应力。它表示该点受力的强弱程度。

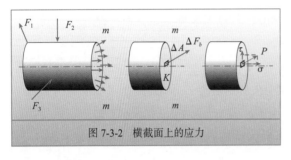

图 7-3-2　横截面上的应力

应力单位是帕斯卡，简称帕（Pa）。工程上常用兆帕（MPa），有时也用吉帕（GPa）。

应力通常可分解为与截面垂直的分量 σ 和与截面相切的分量 τ，如图 7-3-2 所示。

σ 称为正应力，引起长度改变。

τ 称为剪应力，引起角度改变。

（2）应力的特点

①应力定义在受力构件某一截面的某一点上。

②应力是矢量。

③截面上各点应力在截面合成的结果为该截面的内力。

（3）极限应力与许用应力

极限应力是指材料丧失其正常工作能力时的应力。塑性材料的极限应力是其屈服点应力，脆性材料的极限应力是其强度极限。

许用应力是指为了确保构件安全可靠工作，给构件留有足够强度储备的应力。许用应力分为许用正应力 $[\sigma]$、许用切应力 $[\tau]$。

为了确保构件具有足够的强度，要求：构件工作时危险截面产生的最大正应力 σ_{max} 不超过材料的许用正应力 $[\sigma]$，最大切应力 τ_{max} 不超过材料的许用切应力 $[\tau]$。

7.3.2　直杆轴向拉伸与压缩变形

1）拉压变形的概念

连接螺栓、起重机的钢丝绳及吊钩头部都承受拉力作用，而桥墩、门座起重机的臂架以及建筑物的立柱都承受压力作用，如图 7-3-3 所示。

a）连接螺栓　　　　　　b）起重机的钢丝绳　　　　　　c）建筑物的立柱

图 7-3-3　拉压变形

拉压杆件的受力特点是：作用在杆端的外力或其合力的作用线在杆件轴线上。

拉压杆件的变形特点是：杆件沿轴线方向伸长或缩短。这种变形形式称为轴向拉伸压缩，如图 7-3-4 所示。

2）轴向拉压杆横截面的内力

由于外力的作用线与杆的轴线重合，内力的作用线也必通过杆件的轴线并与横截面垂直，故轴向拉伸或压缩时杆件横截面上的内力称为轴力（F_N），如图 7-3-5 所示。

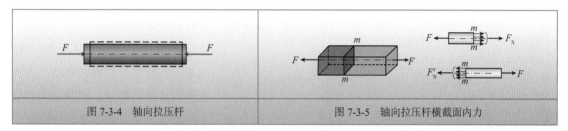

| 图 7-3-4　轴向拉压杆 | 图 7-3-5　轴向拉压杆横截面内力 |

3）轴向拉压杆横截面的应力

轴向拉压杆横截面上的内力分布均匀，且只有正应力。所以：

$$\sigma = \frac{F_N}{A}$$

式中：F_N——横截面上的内力（N）；

　　　A——横截面面积（mm^2）；

　　　σ——横截面的正应力（MPa）。

和聪明的小蚂蚁一起来比较这两个截面的内力和应力吧

【例题 7-3-1】如图 7-3-6 所示，一阶梯形杆件受拉力 F 作用，1-1 的截面面积为 A_1，2-2 的截面面积为 A_2，两截面上内力分别为 F_{N1}、F_{N2}，应力分别为 σ_1、σ_2。试比较两者关系。

（1）两个截面内力关系为（　　　）

A.$F_{N1}=F_{N2}$　B.$F_{N1} < F_{N2}$　C.$F_{N1} > F_{N2}$

（2）两截面个点应力关系为（　　　）

A.$\sigma_1=\sigma_2$

B.$\sigma_1 < \sigma_2$

C.$\sigma_1 > \sigma_2$

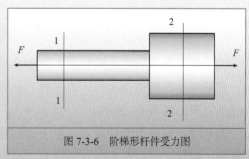

图 7-3-6　阶梯形杆件受力图

解：（1）因 1-1 截面和 2-2 截面上的内力都是由外力 F 引起的，所以 1-1 截面和 2-2 截面上的内力相等，故选 A，$F_{N1}=F_{N2}$。

（2）因 $\sigma = \dfrac{F_N}{A}$，故 $\sigma_1 = \dfrac{F_{N1}}{A_1}$，$\sigma_2 = \dfrac{F_{N2}}{A_2}$，而 $F_{N1} = F_{N2}$，$A_1 < A_2$，故选 C，$\sigma_1 > \sigma_2$。

7.3.3 连接件的剪切与挤压

1）连接件的剪切

（1）剪切变形的受力特点和变形特点

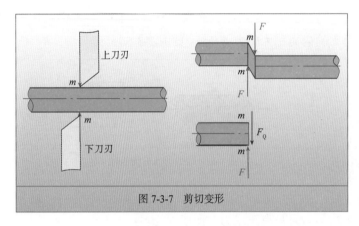

图 7-3-7 剪切变形

连接件的受力特点：作用在构件两侧面上横向外力的合力大小相等，方向相反，作用线相互平行且相距很近。

连接件的变形特点：位于两力之间的截面发生相对错动，这种变形形式称为剪切。相对错动的截面称为剪切面。如图 7-3-7 所示。

工程中受剪切的例子很多，如图 7-3-8 所示。

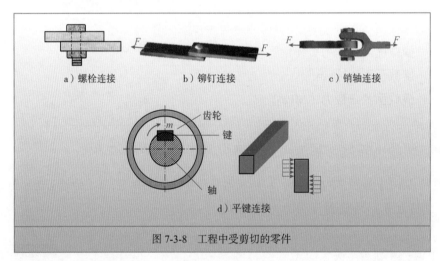

a）螺栓连接　　　b）铆钉连接　　　c）销轴连接

d）平键连接

图 7-3-8 工程中受剪切的零件

（2）剪切变形连接件横截面上的内力和应力

剪切变形的横截面上的内力为剪力，剪力大小与外力相等且与该受力截面相切。剪力单位是 N。剪力常用 F_Q 表示。

剪切面上的应力为切应力。由于剪切面附近变形复杂，切应力在剪切面上的分布规律难于确定，所以工程中一般认为剪切面上的应力分布是均匀的，其方向与剪切面相同。即：

$$\tau = \frac{F_Q}{A}$$

式中：F_Q——横截面上的内力（N）；

　　　A——横截面面积（mm²）；

　　　τ——横截面的切应力（MPa）。

2）连接件的挤压

（1）挤压的定义

构件发生剪切变形时，往往会受到挤压作用。挤压是连接和被连接件接触面相互压紧的现象。

挤压：发生在两个构件相互接触的表面。

压缩：发生在一个构件上。

例如，铆钉孔被铆钉压成长圆孔，如图 7-3-9 所示。

（2）挤压应力

假设挤压应力在计算挤压面上均匀分布，则挤压应力为：

$$\sigma_p = \frac{F_p}{A_p}$$

式中：F_p——挤压面上的挤压力（N）；

A_p——计算挤压面积，（mm^2）；

σ_p——挤压应力（MPa）。

 注意：①实际挤压面为平面时，计算挤压面积为实际挤压面积。

②实际挤压面为曲面时，计算挤压面积为半圆柱面的正投影面积。如图 7-3-10 所示，计算挤压面面积 $A_p=dt$。

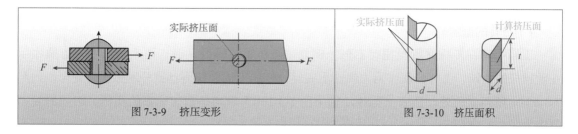

图 7-3-9 挤压变形

图 7-3-10 挤压面积

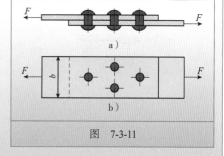

图 7-3-11

和聪明的小蚂蚁一起做道题

【例题 7-3-2】如图 7-3-11 所示为两块钢板搭接而成的铆接接头。设接头拉力 F= 110kN，铆钉直径 d=16mm，钢板宽度 b=90mm，厚度 t=10mm。求铆钉剪切面上的剪切应力及铆钉和钢板之间的挤压应力。

解：

剪切应力：

$$\tau = \frac{F_Q}{A} = \frac{\frac{F}{4}}{\frac{\pi d^2}{4}} = \frac{\frac{110 \times 10^3}{4}}{\frac{\pi \times 16^2}{4}} = 136.8 \text{MPa}$$

挤压应力：

$$\sigma_p = \frac{F_p}{A_p} = \frac{\frac{F}{4}}{td} = \frac{\frac{110 \times 10^3}{4}}{10 \times 16} = 171.9\text{MPa}$$

3）剪切面与挤压面

剪切面与挤压面的区别如下：

（1）剪切面是假想连接件被剪断的痕迹面，挤压面是两受力构件的相互接触面。

（2）剪切面与外力平行，挤压面与外力垂直。如图 7-3-12 所示。

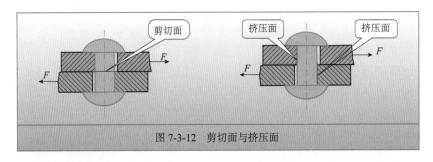

图 7-3-12　剪切面与挤压面

7.3.4　圆轴的扭转

1）扭转的概念

工程中有许多杆件承受扭转变形。例如，当钳工攻螺纹孔时，两手所加的外力偶作用在丝锥杆的上端，工件的反作用力偶作用在丝锥杆的下端，使得丝锥杆发生扭转变形，如图 7-3-13a）所示。此外，还有一些传动轴（图 7-3-13b）等均是扭转变形的实例，它们的受力简图如图 7-3-14 所示。

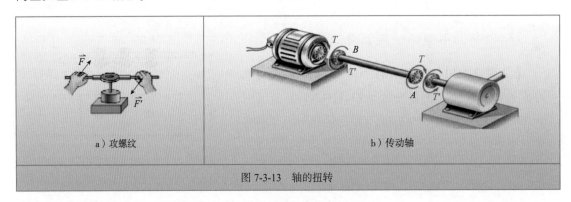

a）攻螺纹　　　　　　　　　　　　　　　b）传动轴

图 7-3-13　轴的扭转

扭转轴的受力特点：在轴两端垂直于轴线的平面内作用一对大小相等、方向相反的外力偶，如图 7-3-14 所示。

扭转轴的变形特点：横截面绕轴线做相对转动。

2）圆轴扭转外力偶矩

如图 7-3-15 所示的传动机构，通常外力偶矩 M_e 不是直接给出的，而是通过轴所传递的功率 P 和转速 n 由下式计算得到的。

$$M_e = 9550 \frac{P}{n}$$

式中：P——圆轴传递的功率（kW）；

n——圆轴的转速（r/min）；

M_e——作用在圆轴上的外力偶矩（N·m）。

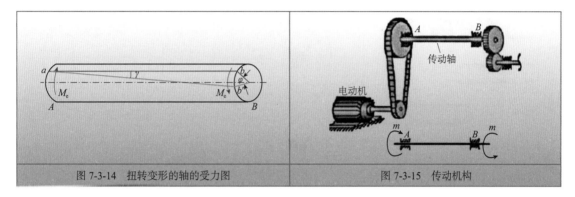

图 7-3-14　扭转变形的轴的受力图	图 7-3-15　传动机构

 和聪明的小蚂蚁一起做道题

【例题 7-3-3】如图 7-3-16 所示，一传动轴，转速 n=300r/min，主动轮 C 输入功率 P_1=500kW，从动轮 A、B、D 输出功率分别为 P_2=150kW，P_3=150kW，P_4=200kW。试求各轮的外力偶矩。

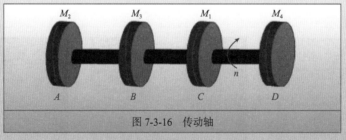

图 7-3-16　传动轴

解：$M_1 = 9550 \dfrac{P_1}{n} = 9550 \dfrac{500}{300} = 15.9 \times 10^3 \text{N} \cdot \text{m}$

$M_2 = 9550 \dfrac{P_2}{n} = 9550 \dfrac{150}{300} = 4.78 \times 10^3 \text{N} \cdot \text{m}$

$M_3 = 9550 \dfrac{P_3}{n} = 9550 \dfrac{150}{300} = 4.78 \times 10^3 \text{N} \cdot \text{m}$

$M_4 = 9550 \dfrac{P_4}{n} = 9550 \dfrac{200}{300} = 6.73 \times 10^3 \text{N} \cdot \text{m}$

3）圆轴扭转的内力、应力

（1）圆轴扭转的内力

圆轴扭转时横截面产生一个内力，该内力为一个力偶矩，称为扭矩，如图 7-3-17 所示，用 M_T 表示。

（2）圆轴扭转的应力

圆轴扭转横截面上的应力为切应力，应力的大小分布规律如图 7-3-18 所示。

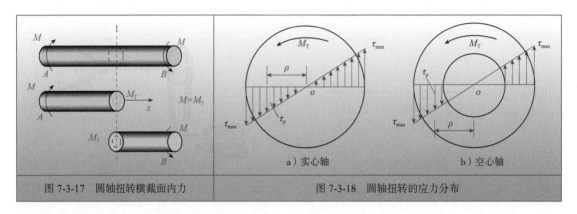

图 7-3-17　圆轴扭转横截面内力　　　图 7-3-18　圆轴扭转的应力分布

7.3.5　直梁的弯曲及组合变形

1）弯曲变形的概念

弯曲是工程实际中最常见的一种基本变形。杆件在垂直于其轴线的荷载作用下，使原为直线的轴线变为曲线，称为弯曲变形。

例如，火车轮轴（图 7-3-19）、桥式起重机横梁（图 7-3-20）、车削工件（图 7-3-21）等受力后的变形。

图 7-3-19　火车轮轴　　　图 7-3-20　起重机横梁　　　图 7-3-21　车削工件

弯曲变形的受力特点：所有外力都作用在纵向对称面内，如图 7-3-22 a）所示。

弯曲变形的变形特点：梁轴线由直线变成平面曲线，发生平面弯曲，如图 7-3-22 b）所示。

2）梁的类型

通常把只发生弯曲变形或以弯曲变形为主的杆件称为梁。

梁有简支梁、外伸梁、悬臂梁三种基本形式，如图 7-3-23 所示。

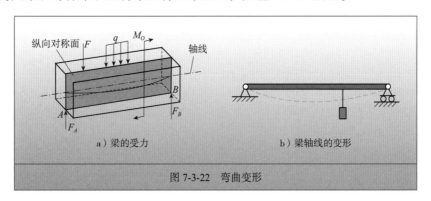

a）梁的受力　　　　　　b）梁轴线的变形

图 7-3-22　弯曲变形

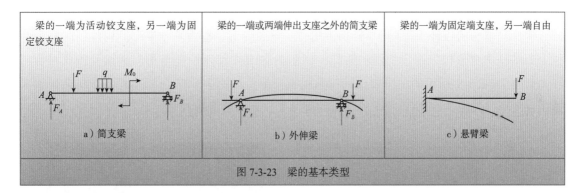

梁的一端为活动铰支座，另一端为固定铰支座	梁的一端或两端伸出支座之外的简支梁	梁的一端为固定端支座，另一端自由
a）简支梁	b）外伸梁	c）悬臂梁

图 7-3-23　梁的基本类型

3）弯曲变形横截面上的内力

梁发生弯曲变形时，横截面上常同时存在着两种内力，如图 7-3-24 所示。

剪力（F_Q）——作用线切于截面、通过截面形心并在纵向对称面内。

弯矩（M）——位于纵向对称面内。

剪切弯曲是指横截面上既有剪力又有弯矩的弯曲。

纯弯曲是指横截面上只有弯矩而没有剪力的弯曲。

4）纯弯曲变形横截面上的应力

梁在发生变形时，上面部分纵向纤维缩短，下面部分纵向纤维伸长，根据连续变形的特点必定中间有一层纵向纤维既不伸长又不缩短，这一纵向纤维层称为中性层，如图 7-3-25 所示。

中性层和横截面的交线称中性轴，如图 7-3-25 所示。

纯弯曲变形横截面上只有正应力，没有切应力。

横截面上正应力的分布规律如图 7-3-26 所示，以中性轴为界，受拉区受拉应力作用，压缩区受压应力

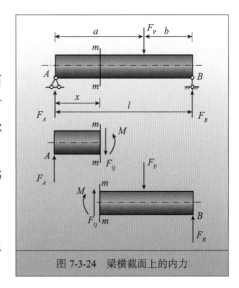

图 7-3-24　梁横截面上的内力

作用。沿截面宽度方向正应力相同；沿截面高度方向的正应力按直线规律变化。

中性轴上各点的正应力为零。最大的正应力发生在离中性轴最远处。

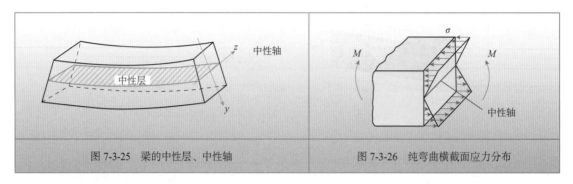

图 7-3-25 梁的中性层、中性轴	图 7-3-26 纯弯曲横截面应力分布

5）组合变形

构件受单一的拉伸（压缩）、剪切、扭转、弯曲变形，称为基本变形。构件同时发生两种以上的基本变形称为组合变形。例如：如图 7-3-27a）所示的葫芦吊车横梁受压弯组合变形，如图 7-3-27b）所示的钻床立柱受拉弯组合变形，如图 7-3-27c）所示的卷扬机转轴受弯扭组合变形，如图 7-3-27d）所示的飞机螺旋桨受拉扭组合变形。

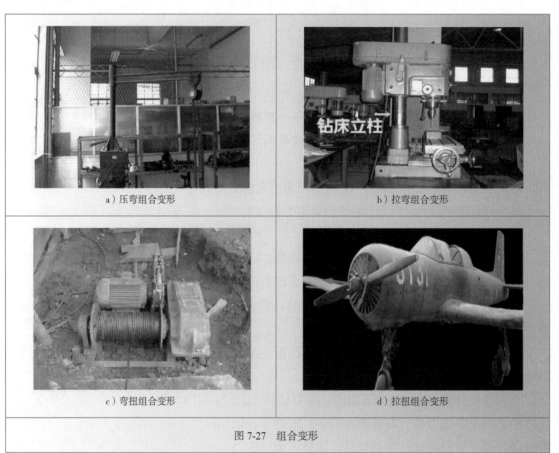

a）压弯组合变形 b）拉弯组合变形

c）弯扭组合变形 d）拉扭组合变形

图 7-27 组合变形

拓 展 阅 读

在工程实际中，为了保证构件或结构物能够安全可靠的工作，构件除了满足强度、刚度条件外，还必须满足稳定性的要求。

稳定性是指构件或体系保持其原有平衡状态的能力。

不稳定的平衡是指微小扰动就使小球远离原来的平衡位置，如图7-2-28a）所示。

稳定的平衡是指微小扰动使小球离开原来的平衡位置，但扰动撤销后小球回复到平衡位置，如图7-3-28b）所示。

受轴向压力的直杆叫做压杆。

从强度观点出发，压杆只要满足轴向压缩的强度条件就能正常工作。但对于细长杆件，有可能还没有达到杆件的强度极限它就失去了原有的平衡状态，不能正常工作了，如桁架、高压线塔等，这种失效被称为压杆失稳。见图7-3-29。

历史上曾发生的因压杆失稳而导致的重大事故如下：

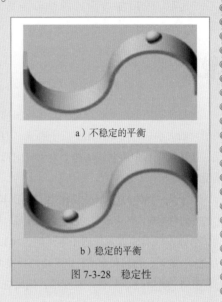

a）不稳定的平衡

b）稳定的平衡

图7-3-28　稳定性

图　7-3-29

（1）1891年瑞士一座长42m的桥，当列车通过时，因结构失稳而坍塌，造成200多人死亡。

（2）1907年加拿大魁北克省圣劳伦斯河上的钢结构大桥，由于施工中桁架内一根受压弦杆突然失稳而整个倒塌，致使75名工人丧生。

（3）1925年前苏联的莫兹尔桥在试车时，因压杆失稳而破坏，造成人员伤亡。

（4）1940年美国的塔科马桥完工刚4个月，在一场大风中破坏，造成严重伤亡。

本 章 小 结

力是使物体的运动状态发生变化或使物体产生变形的物体之间的相互机械作用。力对物体的效应取决于力的大小、方向和作用点三个要素。力矩是物体绕某点转动效应的度量。力偶是大小相等、方向相反、作用线平行但不共线的两个力组成的特殊力系。力偶矩是力偶在其作用面内使物体产生转动效应的度量。

对于某一物体的运动起限制作用的周围其他物体，称为约束。约束作用于物体上的力称为约束力。约束力的方向总是与该约束限制的运动方向相反。受力图是表示物体受到主动力和约束力情况的简明图形。

当外力以不同方式作用于零件时，可以使零件产生不同的变形，基本的受力和变形有：轴向拉伸（压缩）、剪切、扭转和弯曲，以及由两种或两种以上基本变形形式叠加而成的组合变形。

在外力作用下，构件产生变形，同时杆件材料内部产生阻止变形的抗力，这种抗力称为内力。内力是由外力引起的，随外力的增大而增大。

构件在外力作用下，单位面积上的内力称为应力。垂直于杆件截面的应力为正应力 σ，作用于杆件截面的应力为切应力 τ。材料丧失其正常工作能力时的应力称为极限应力。为了确保构件安全可靠地工作，给构件留有足够强度储备的应力称为许用应力，有许用正应力 $[\sigma]$，许用切应力 $[\tau]$。

为了确保构件具有足够的强度，要求构件工作时危险截面产生的最大正应力 σ_{max} 不超过材料的许用正应力 $[\sigma]$，最大切应力 τ_{max} 不超过材料的许用切应力 $[\tau]$。

练 习 题

7-1　力的三要素是指_____、_____和_____。

7-2　力的合成与分解应遵循_____法则。

7-3　对于固定端约束，不管约束反力的分布情况如何复杂，都可以简化到该固定端的_____。

　　A. 一个力　　　　　　　　　　　B. 一组力

　　C. 一个力偶　　　　　　　　　　D. 一个力和一个力偶

7-4　物体上的力系位于同一平面内，各力既不汇交于一点，也不全部平行的，称为_____。

A.平面汇交力系　　　　　　　　　B.平面任意力系

C.平面平行力系　　　　　　　　　D.平面力偶系

7-5 判断正误（对的打√，错的打×）

（1）分力一定比合力小。（　　）

（2）力偶可以在作用面内任意移动，而不改变它对刚体的作用效果。（　　）

（3）光滑接触面的约束反力方向是沿接触面法线方向而指向物体。（　　）

（4）剪切面通常与外力方向平行，挤压面通常与外力方向垂直。（　　）

（5）力偶就是力偶矩的简称。（　　）

7-6 杆件有哪些基本变形？

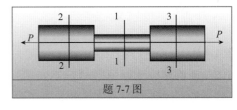

题7-7图

7-7 如图所示，一阶梯形杆件受拉力 F 作用，其截面

1-1、2-2、3-3 上的内力分别是 F_{N1}、F_{N2}、F_{N3}，应力分别为 σ_1、σ_2、σ_3。试比较三者关系。

（1）三个截面内力关系为（　　）

　　Λ. $F_{N1} \neq F_{N2}$，$F_{N2} \neq F_{N3}$　　　　　　　B. $F_{N1} = F_{N2}$，$F_{N2} = F_{N3}$

　　C. $F_{N1} = F_{N2}$，$F_{N2} > F_{N3}$　　　　　　　D. $F_{N1} = F_{N2}$，$F_{N2} < F_{N3}$

（2）三截面个点应力关系为（　　）

　　A. $\sigma_1 > \sigma_2 > \sigma_3$　　　　　　　　　　B. $\sigma_1 > \sigma_2 = \sigma_3$

　　C. $\sigma_1 \leqslant \sigma_2 = \sigma_3$　　　　　　　　　　D. $\sigma_1 > \sigma_2 > \sigma_3$

7-8 如何判断连接件的剪切面和挤压面？

7-9 何谓中性层、中性轴？

7-10 直梁弯曲时，横截面上产生什么应力？怎样分布？

7-11 受弯矩的杆件，弯矩最大处是否一定是危险截面？为什么？

参 考 答 案

单元 1 连 接

1-1 大径。

1-2 螺栓连接。

1-3 B　　1-4 A

1-5 连接螺纹通常有自锁性能，但在冲击、振动、变载及变温等条件下，也会产生松动现象，这将影响被连接件正常工作，甚至会发生事故，因此一般应设置防松装置。

　　防松措施有：①靠摩擦力防松；②机械防松；③破坏螺纹副防松。

1-6 周向；运动、转矩；平键、半圆键、花、楔、切向。

1-7 导向平键；花。

1-8 A　　1-9 A

1-10 定位；轴与毂的连接或者与其他零件的连接；安装装置中的过载剪断零件。

1-11 C

1-12 刚性；挠性；齿轮；万向。

1-13 工作面的摩擦力。

1-14 A　　1-15 C　　1-16 B

单元 2 常 用 机 构

2-1 零件；构件；零件；机构；专用、通用。

2-2 高副；面与面；移动副；转动副；点或线。

2-3 A　　2-4 D　　2-5 C

2-6 ①因 $L_{最短}+L_{最长}=40+100=140$mm，又因其余两杆之和 $=60+90=150$mm，所以 $L_{最短}+L_{最长}<$ 其余两杆之和，又因 $L_{最短}$ 做机架，所以为双曲柄机构。

　　②长度是 90mm 和 100mm 的杆都是曲柄。

2-7 死点；死点；急回。

2-8 按凸轮形状分为盘形凸轮、移动凸轮、圆柱凸轮；按从动件形式分为尖顶从动件、滚子从动件、平底从动件。

2-9 单缸内燃机的组成：曲柄滑块机构、凸轮机构、齿轮机构。

　　曲柄滑块机构的组成：滑块（活塞）、连杆、曲柄、机架。

2-10 因为滚子与凸轮轮廓间为滚动摩擦，磨损小，可以用来传递较大的荷载，故应用广泛。高速凸轮机构应采用平底从动件，因为平底与凸轮轮廓间易形成楔形油膜，利于润滑，所以常用于高速场合，但不能用于内凹的凸轮轮廓。

2-11 棘轮机构的组成：棘轮、棘爪、摇杆、曲柄、止回棘爪。
　　　棘轮机构的工作原理：摇杆左右摆动，当摇杆左摆时，棘爪插入棘轮的齿内，推动棘轮转过某一角度。当摇杆右摆时，棘爪滑过棘轮，而棘轮静止不动，往复循环。止回棘爪用于防止棘轮反转。

2-12 槽轮机构的组成：带有圆销的拨盘、具有径向槽的槽轮、机架。
　　　工作原理：拨盘→连续转动；槽轮→时而转动，时而静止；当拨盘的圆销尚未进入槽轮的径向槽时，槽轮的内凹锁住弧被拨盘的外凸圆弧卡住，槽轮静止不动；当拨盘的圆销开始进入槽轮径向槽的位置，锁住弧被松开，圆销驱使槽轮传动。

单元 3　机 械 传 动

3-1 主动带轮；从动带轮；传动带；摩擦；啮合。

3-2 摩擦调节中心距；采用张紧轮。

3-3 C

3-4 $i_{12}=n_1/n_2=1450/290=5$，由 $i_{12}=n_1/n_2=D_2/D_1$，得 $D_2/D_1=5$，$D_2=400mm$。

3-5 （1）平、松、外、小带轮；（2）V、松、内、大带轮；（3）大、小；（4）A、B

3-6 B　　3-7 B　　3-8 B

3-9 图示的六种链传动的布置方式中，b）、d）、e）是合理的；a）、c）、f）是不合理的。这是因为链传动的紧边宜布置在传动的上面，这样可避免咬链或发生紧边与松边相碰撞。另外，采用张紧轮张紧时，张紧轮应装在靠近主动链轮的松边上，这样可增大包角。

3-10 C　　3-11 B　　3-12 C　　3-13 A　　3-14 D　　3-15 B　　3-16 C

3-17 B　　3-18 D

3-19 ×　√　√　×　√　×

3-20 （1）由 $i_{12}=n_1/n_2$，得 $n_2=n_1/i_{12}=600/3$，$n_2=200r/min$。
　　　（2）由 $i_{12}=z_2/z_1=3$，得 $z_2=3/z_1$，又 $a=m/2（z_1+z_2）$，有 $168=4/2（z_1+z_2）$，得 $z_1=21$，$z_2=63$。

3-21 $m_1=d_{a1}/（z_1+2）=2.5$，$m_2=d_{a2}(z_2+2)=3$，由于 $m_1 \ne m_2$，所以这两个齿轮不能配对使用。

3-22 d）　　3-23 d）

3-24 $i_{15}=\dfrac{n_1}{n_5}=\dfrac{z_2 z_3 z_4 z_5}{z_1 z_{2'} z_{3'} z_{4'}}=\dfrac{25\times 30\times 30\times 60}{15\times 15\times 15\times 2}=200$

　　　齿条 6 的线速度和齿轮 5′ 分度圆上的线速度相等，而齿轮 5′ 的转速和齿轮 5 的转速相等，因此有：

$$v_6 = v_{5'} = \frac{n_5 \pi r_{5'}}{30} = \frac{n_5 \pi m z_{5'}}{30 \times 2} = \frac{25 \times 3.14 \times 4 \times 20}{30 \times 2} = 10.5 \text{mm/s}$$

通过箭头法判断得到齿条 6 的线速度方向向右。

3-25 方向判断用画箭头的方法完成，从左往右看时的转向为逆时针方向。

$$i_{15} = \frac{n_1}{n_5} = \frac{z_2 z_3 z_4 z_5}{z_1 z_2' z_3' z_4'} = \frac{20 \times 30 \times 40 \times 52}{20 \times 15 \times 1 \times 18} = 577.7$$

3-26 按用途分为传力螺旋、传导螺旋、调整螺旋。

传力螺旋——螺旋千斤顶或压力机。传导螺旋——丝杠（或可以举学习过的例子或生产生活中的例子）。

单元 4 轴系零部件

4-1 直轴；曲轴；挠性轴；转轴；心轴；传动轴。

4-2 轴颈；轴头；轴身。

4-3 径向；止推；径向止推。

4-4 滑动轴承座；轴瓦。

4-5 内圈；外圈；滚动体；保持架。

4-6 前置代号；基本代号；后置代号。

4-7 接触密封；非接触密封；组合密封。

4-8 B、A   4-9 D   4-10 A   4-11 C   4-12 A

4-13 代号 7209AC：角接触球轴承，宽度系列为窄，直径系列为中，内径为 45mm，公称接触角 $\alpha = 25°$。

代号 61206：深沟球轴承，宽度系列为正常，直径系列为轻，内径为 30mm。

4-14 ①轴端没有 45 度倒角；②轴承盖与轴承外圈一样高；③轴环左端高于轴承内圈；④套筒高于轴承内圈；⑤轴承盖与轴承外圈一样高；⑥联轴器的键和齿轮连接的键不在同一母线上；⑦联轴器端部没有轴向定位；⑧联轴器左端没有轴向定位；⑨键太长（应比轴段短）；⑩轴段长度应略小于毂的长度。

4-15 减速器的从动轴从结构上看，由轴颈、轴头、轴身三部分组成。

轴颈：与轴承相配合的部分。

轴头：与零件轮毂（齿轮）相配合的部分。

单元 5 机械零件的精度与技术测量

5-1 标准公差；基本偏差。

5-2 基孔制；0；+0.013。

5-3		孔	轴
	基本尺寸	50	50
	上极限偏差	+0.035	+0.018
	下极限偏差	-0.015	-0.047
	标准公差	0.050	0.065
	最大极限尺寸	50.035	50.018
	最小极限尺寸	49.985	49.953

5-4 （1）0，+0.024，0.039；（2）0.039，0.015；（3）过渡配合、基孔制；（4）图略。

5-5 51.4mm；32.63mm。

5-6 8.20mm；16.40mm；30.003mm；29.995mm。

单元 6 工 程 材 料

6-1 强度：在外力的作用下，材料抵抗塑性变形和断裂的能力称为强度。

塑性变形：断裂前金属材料产生永久变形的能力称为塑性变形。

硬度：是指材料抵抗局部变形、压痕或划痕的能力。

冲击韧性：材料在冲击荷载作用下抵抗变形和断裂的能力称为冲击韧性。

疲劳强度：是金属材料在无限多次交变荷载作用下而不破坏的最大应力，又称为疲劳极限。

热处理：是将钢在固态下以适当的方法进行加热、保温和冷却以获得所需组织与性能的工艺过程。

淬火：是将钢加热到适当温度，保持一定时间，然后快速冷却的热处理工艺。

调质处理：淬火加高温回火称为调质处理。

表面淬火：仅对工件表层进行淬火的热处理工艺。其目的是使表层具有高的硬度和耐磨性而心部具有足够的塑性和韧性，即表硬里韧。

6-2 （1）强度；硬度；塑性；韧性；疲劳强度。

（2）碳素钢、合金钢；普通钢、优质钢、高级优质钢；结构钢、工具钢、特殊性能钢。

（3）灰铸铁；球墨铸铁；可锻铸铁；蠕墨铸铁。

（4）退火、正火、淬火、回火；加热、保温、冷却。

（5）正火；球化退火。

（6）低温回火。

（7）低碳钢、合金渗碳；表硬心韧。

（8）化学成分。

（9）铜及合金；铝及合金；钛及合金；轴承合金。

（10）高分子材料；陶瓷材料；复合材料。

6-3 强度指标：屈服点 σ_s 和抗拉强度 σ_b。

塑性指标：伸长率 δ 和断面收缩率 Ψ。

硬度指标：布氏硬度（HBW）、洛氏硬度（HCR）和维氏硬度（HV）。

韧性指标：冲击韧度 a_k。

疲劳强度指标：当材料受到的交变应力是对称循环应力时，疲劳强度指标用 σ_{-1} 表示。

6-4 45 钢表示平均含碳量为 0.45% 的优质碳素结构钢。T12A 表示平均含碳量为 1.20% 的优质碳素工具钢。20CrMnTi 表示平均含碳量为 0.2%，含铬、锰、钛小于 1.5% 的合金结构钢。9SiCr 表示平均含碳量为 0.90%，硅、铬含量均小于 1.5% 的合金工具钢。

6-5 回火是将淬火钢重新加热到低于 727℃ 的某一温度，保温一定时间，然后在空气中冷却到室温的热处理工艺。淬火钢必须及时回火。

回火的目的是：减少或消除淬火时产生的内应力，防止工件变形和开裂；稳定工件尺寸及获得工件所需的组织和性能。

6-6 在冲击荷载、交变荷载及摩擦条件下工作的机械零件，如齿轮、曲轴、凸轮轴和活塞销等，表层要求高硬度、高耐磨性，而心部要有足够的强度和韧性。普通热处理方法无法满足上述零件表里性能不一致的要求，则采用表面淬火来解决这个问题。

6-7 硬质合金是指将一种或多种难溶金属硬碳化物和黏结剂金属，通过粉末冶金工艺生产的一类合金材料。即将高硬度、难溶的碳化钨、碳化钛、碳化钽等和钴、镍等黏结剂金属，经制粉、配料（按一定比例混合）、压制成型，再通过高温烧结制成。常用的硬质合金有钨钴类硬质合金、钨钴钛类硬质合金、钨钛钽类硬质合金。

单元 7 力 学

7-1 大小；方向；作用点。

7-2 力的平行四边形。

7-3 D 7-4 B

7-5 × √ √ √ ×

7-6 杆件有四种基本变形：拉伸和压缩、剪切、扭转、弯曲。

7-7 （1）B；（2）B

7-8 剪切面是假想连接件被剪断的痕迹面，挤压面是两受力构件的相互接触面。剪切面与外力平行，挤压面与外力垂直。

7-9 中性层：在伸长和缩短之间必有一层材料既不伸长也不缩短。这个长度不变的材料层称为中性层。

中性轴：中性层与横截面的交线称为中性轴。

7-10 直梁弯曲时，横截面上由弯矩产生弯曲正应力。中性轴把截面分成两部分，梁弯曲的
外凸部分受拉应力，内凹部分受压应力。

7-11 不一定，由公式可知 σ_{max} 不仅取决于 M_{max}，还与 W（或直径 d）有关，比值最大处才
是危险截面。

参 考 文 献

［1］栾学钢，赵玉奇，陈少斌. 机械基础［M］. 北京：高等教育出版社，2010.

［2］陈长生，霍振生. 机械基础［M］. 北京：机械工业出版社，2009.

［3］黄国雄. 机械基础［M］. 北京：机械工业出版社，2006.

［4］闻邦椿. 机械设计手册　第一卷［M］. 5 版. 北京：机械工业出版社，2010.

［5］闻邦椿. 机械设计手册　第三卷［M］. 5 版. 北京：机械工业出版社，2010.

［6］吴联兴. 机械基础练习册［M］. 北京：高等教育出版社，2010.

［7］孙大俊. 机械基础［M］. 4 版. 北京：中国劳动社会保障出版社，2010.

［8］朱军. 汽车维修基础技能实训教材［M］. 北京：人民交通出版社，2010.

［9］陈志毅. 金属材料与热处理［M］. 北京：中国劳动社会保障出版社，2007.

［10］李炜新. 金属材料与热处理［M］. 北京：机械工业出版社，2005.

［11］赵忠，丁仁亮，周而康. 金属材料及热处理［M］. 北京：机械工业出版社，2000.

［12］郭炯凡. 机械工程材料工艺学［M］. 上海：高等教育出版社，2006.

［13］黄平. 常用机械零件及机构图册［M］. 北京：化学工业出版社，1999.

［14］单小君. 金属材料与热处理［M］. 北京：中国劳动社会保障出版社，2001.

［15］丁德全. 金属工艺学［M］. 北京：机械工业出版社，2000.

［16］郭英斗. 建筑力学［M］. 成都：西南交通大学出版社，2003.

［17］王炜，李凡国. 机械基础［M］. 北京：国防工业出版社，2010.

［18］邓春梅. 机械工程力学［M］. 北京：北京理工大学出版社，2010.

［19］卢光斌. 土木工程力学［M］. 北京：机械工业出版社，2009.